Der Torsionsindikator

I.

Die elektrischen Methoden
zur
Verdrehungsmessung

Von

Dr.-Ing. Paul Nettmann

Mit 34 Abbildungen

BERLIN W.
VERLAG VON M. KRAYN
1912

Druck von Rosenthal & Co., Berlin SO. 16, Rungestraße 20

Nachtrags-Vorwort.

Die Arbeiten zu dem nunmehr vollständig vorliegenden Werke „Der Torsions-Indikator", Band I—III, wurden in den Jahren 1909 bis 1912 geleistet. Durch die Kriegs-Ereignisse war es erst möglich, den II. Band im Jahre 1915 zu veröffentlichen, während der letzte Band durch die Nachkriegs-Verhältnisse erst jetzt erscheinen kann.

Trotz des verspäteten Erscheinens habe ich mich der Ansicht nicht verschließen können, daß schon mit Rücksicht auf die technische Entwicklungsgeschichte die seinerzeit gewonnenen Resultate nicht unterdrückt werden dürfen, da sie ein genaues Bild der damaligen Erkenntnis-Grenze wiedergeben und somit für spätere Untersuchungen mit als grundlegend zu betrachten sind.

Im Jahre 1909 handelte es sich um ein junges Gebiet, und mußten damals die Maßstäbe für die Beurteilung der einzelnen Meßverfahren erst geschaffen werden. Die seinerzeit gegebenen Richtlinien sind durch die Erfahrungen der letzten 14 Jahre vollauf bestätigt worden.

Es sei bemerkt, daß zwischen dem von Frahm 1918 angegebenen Verfahren zur Verdrehungs-Messung (vergl. Z. V. D. I. Seite 177 des gleichen Jahres) und dem von mir erst 1915 veröffentlichten Prinzip kein Unterschied besteht (vergl. „Der Torsions-Indikator", Teil II. Seite 128, Fig. 49).

Ebenfalls ist der nach Dr.-Ing. Geiger konstruierte Leistungsmesser schon 1867 in dem leider in Deutschland bisher unbeachtet gebliebenen Werke des berühmten Wärmeforschers Hirn: „Les Pandynamomètres" abgebildet (vergl. ferner „Der Torsions-Indikator" Band II, Seite 44, Fig. 13).

Meinen Untersuchungen legte ich die technischen Schwingungs-Vorgänge zugrunde und hat auch hierin die Entwicklung mir Recht gegeben, da wohl heute diese Anschauungsweise von Erfolg zu Erfolg schreitet.

Die kürzlich von Herrn Dr.-Ing. Ernst Schmidt, München, veröffentlichten Versuche über Fundamentschwingungen finden auf Seite 98 Band III eine Ergänzung, die bisher meines Wissens nicht veröffentlicht wurde.

Durch erstmalige Aufstellung der Fehlergleichungen für die Eichung der Schiffswellen sind die Grundlagen geschaffen für die vollständige Beherrschung der gesamten, die Messung beeinflussenden Versuchswerte.

Bezüglich der Besprechung der von Gibson gemeldeten Wahrnehmung der Zunahme des Verdrehungswinkels durch achsialen Druck muß ich bemerken, daß ich die seinerzeit vorliegenden Beobachtungen im Geiste der damaligen Anschauungsweise wiedergebe. Am Schluß des III. Bandes werden die Ergebnisse einer Untersuchung mitgeteilt, die erst 1912 stattfand, und die beweisen, daß die von Gibson angenommenen Zusammenhänge zwischen Verdrehungswinkel und Achsial-Belastung innerhalb der elastischen Grenzen nicht zutreffen.

Köln, im Mai 1923. Der Verfasser.

INHALTSÜBERSICHT

Die elektrischen Methoden zur Verdrehungsmessung

VORWORT.

Brachten schon die Schwierigkeiten, die der schnellen und exakten Kraftmessung bei großen Dampfschiffsmaschinen und Turbinen begegneten, die Torsionsindikatoren oder Verdrehungsmesser in den Vordergrund des Interesses, so nötigt die großzügige Verwendung der vielzylindrigen Dieselmaschinen an Bord heute erst recht zur Benutzung und Vervollkommnung dieser Apparate.

In Deutschland gewinnen die Torsionsindikatoren langsam aber stetig an Bedeutung, wie die vereinzelten, freilich noch zaghaften Anfänge einzelner Produzenten beweisen.

Die Fabrikation der Torsionsindikatoren hat vorwiegend in England festen Fuß gefaßt, und die Engländer haben es in der Herstellung dieser Instrumente zu einem hohen Grad der Vollkommenheit gebracht.

Es fehlt zurzeit ein Werk, welches die Unterlagen für einen gedeihlichen Ausbau dieser Apparattype bietet.

In vorliegendem habe ich mich bemüht, diesem Mangel abzuhelfen, und tunlichst solche Apparate und Verfahren vorzuführen, die mir wohl geeignet schienen, ein näheres Interesse zu beanspruchen. Bei dieser Auswahl habe ich mich weniger von der Vollendung, die die Methoden in ihrer Ausbildung erreicht haben, als durch die Möglichkeit der Erlangung eines solchen Zieles leiten lassen, eingedenk der Tatsache, daß ein Verfahren, welches sich im Prinzip bewährt hat, auch einer systematischen Weiterentwicklung durchaus fähig ist. Ferner habe ich mir gestattet, solche neuen Verfahren und Änderungen an vorhandenen Apparaten vorzuschlagen, die mir im Laufe meiner Untersuchungen als wünschenswert erschienen.

Als Richtschnur bei der Bearbeitung diente mir die Ansicht, auch dem weniger Eingeweihten oder dem Laien verständlich zu bleiben. Besonders bezieht sich dies auf die mathematischen Entwicklungen. Zu einem Verzicht auf den Gebrauch der höheren Rechnung habe ich mich jedoch nicht entschließen können.

Ein einleitender orientierender Teil geht der Arbeit voraus.

Der vorliegende Teil I behandelt die elektrischen Methoden zur Verdrehungs- resp. Leistungsmessung. Zwei weitere in Aussicht genommene Teile behandeln die mechanischen und optischen Verfahren dieses Messungszweiges. Im mechanischen Abschnitt verdient besonders die von mir entwickelte dynamische Resonanz-Analyse, d. h. die dynamische Zerlegung einer periodisch auftretenden Gesamtwirkung, in ihre Einzelerreger hervorgehoben zu werden.

Ein neues Gebiet soll in einem weiteren Teil angeschnitten werden. Die Messung der Verdrehung aus der Änderung der physikalischen Eigenschaften im Einklang mit der Beanspruchung von Konstruktionselementen.

Ein besonderer Teil soll die Eichung der Wellen oder Versuchskörper behandeln, d. h. die Bestimmung des Verhältnisses zwischen Größe der Deformation und den dieser entsprechenden Kräften. Gerade die Eichung, wie sie heute vorgenommen wird, läßt viel zu wünschen übrig; es ist daher in diesem Teil zum erstenmal die Aufstellung der Fehlergleichungen erfolgt. In diesem Abschnitte kommen auch die mechanischen Leistungszähler zur Sprache.

Der Propellerschubmessung, der neuerdings ein weitgehendes und berechtigtes Interesse entgegengebracht wird, ist ein weiterer Teil der Arbeit gewidmet. Hier dürfte gewiß die von mir geplante Verbindung von Leistungszähler, Schub- und Geschwindigkeitsmesser zur fortlaufenden Bestimmung des Gesamtwirkungsgrades eines Fahrzeuges von eminent praktischer Bedeutung sein.

Die Verdrehungsschwingungen der Wellen wie die heute überhaupt so wichtigen kritischen Umdrehungszahlen, und der hiermit innig verknüpfte, durch Erhaltung der Schwingungen bedingte Energieverlust, erfahren im letzten Abschnitt eine eingehende und originelle Erörterung.

In der Hoffnung, das Werk möge der deutschen Industrie gedeihlichen Nutzen zeitigen, übergebe ich dasselbe der breiten Öffentlichkeit.

Aachen, im August 1912.

Der Verfasser.

Die elektrischen Methoden zur Verdrehungsmessung.

Verfahren von Föttinger und Frahm.

Die Grundlage dieser Verfahren ist in dem von uns schon an anderer Stelle herangezogenen Beispiele des Anreißens von Marken an einer rotierenden kraftübertragenden Welle und der nachträglichen Ermittelung des Verdrehungswinkels aus den jeweiligen Abständen entsprechender Marken zu finden (vergl. Allg. Gesichtspunkte).

Es ist leicht einzusehen, daß man, im Falle man wie dort als möglich vorausgesetzt, an einer schnell umlaufenden Welle während der Rotation Marken anbringen wollte, auf erhebliche praktische Schwierigkeiten stoßen würde, obwohl es prinzipiell nur darauf ankäme, der Markenreißvorrichtung eine Geschwindigkeit konzentrisch zur Welle zu erteilen, die mit derjenigen der Welle in Größe und Richtung übereinstimmte, so daß also zwischen der Anreißvorrichtung, oder besser gesagt, dem markenanreißenden Teil derselben und der Welle keine Relativbewegung stattfinden kann. Zudem wäre es, selbst wenn dieses Verfahren praktisch zur Ausführung gelangte, unzweckmäßig, die Marken auf dem Umfange der Welle selbst aufzureißen, man würde vielmehr die Welle an den entsprechenden Stellen mit einer geeigneten dünnen Metall- oder Papierschale versehen, die man zwecks späteren Vergleiches der Marken leicht von der Welle entfernen und nebeneinander legen könnte.

Es ist aber auch ebenso leicht verständlich, daß wenn die Zeit, welche nötig ist, um auf der Welle eine Marke zu verzeichnen, unendlich klein ist, oder allgemeiner gesagt, die Umfangsgeschwindigkeit der Welle gegenüber der Geschwindigkeit, mit der das Aufreißen der Marken vor sich geht, verschwindet, daß dann die Vorrichtung, die das Aufreißen der Marken besorgt, gegenüber der Welle in Ruhe bleiben kann.

Sind wir also in der Lage, möglichst genau den eben erwähnten Bedingungen beim Aufreißen der Marken zu genügen, d. h. daß zwischen dem markenaufzeichnenden Teil und dem Wellenumfang, an dem die ersteren verzeichnet werden, keine Relativbewegung stattfindet, oder was dasselbe ist, daß die Welle während der Zeit, in der auf ihrem Umfange eine Marke verzeichnet wird, keinen Weg zurücklegt; so können wir die oben erwähnte Methode praktisch verwerten.

In der Tat verfügen wir über zwei Methoden, die es uns ermöglichen, den oben genannten Bedingungen fast vollkommen zu genügen.

Die erste Methode macht sich die Tatsache zu eigen, daß eine elektrische Entladung mit Lichtgeschwindigkeit vor sich geht, die zweite Methode stützt sich auf die Schnelligkeit der Lichtgeschwindigkeit selbst[1]).

Hier sollen zuerst einige Anordnungen der ersten Methode besprochen werden.

Föttinger[2]) trifft zur Verdrehungsmessung die folgende Anordnung.

Funkenanordnungen.

Zwei in gewissem Abstand auf der Welle *W* (Fig. 52) befindliche Flanschen I und II werden mit Papierstreifen überzogen. Diesen gegenüber werden Metallspitzen so angeordnet, daß sie achsial verschoben werden können, wie bei *A* und *B* (Fig. 1) angedeutet. Die Metallspitzen sind mit der einen Klemme der Sekundärspule eines Funkeninduktors oder Ruhmkorffschen Apparates *C* I resp. *C* II ver-

---

[1]) Die Umfangsgeschwindigkeiten der Wellenflanschen betragen bei gewöhnlichen Schiffen normal 3 bis 5 m/sec. Bei Dampfturbinenantrieb kann man sagen, daß die Umfangsgeschwindigkeit nicht über 100 m/sec betragen wird. Obwohl dieses ganz enorme Geschwindigkeiten sind, so sind sie doch im Vergleich zur Geschwindigkeit der elektrischen Entladung, die mit Lichtgeschwindigkeit vor sich geht, verschwindend klein. Letztere beträgt bekanntlich rund 3 mal 10^8 m/sec oder 300 000 000 m/sec, eine Größe, zu der die Geschwindigkeit der Geschützkugel oder des Schalles mit 333 m/sec noch rund im Verhältnis von 1 : 1 000 000 steht. Hieraus erklärt sich auch der Umstand, daß der elektrische Funken schon sehr früh zur Messung der Geschoßgeschwindigkeit herangezogen wurde. Vergl. Werner v. Siemens, Lebenserinnerungen (Springer), Geschoßgeschwindigkeitsmessungen S. 89. Siehe auch Schriften über Ballistik, z. B. Cranz, Kompendium der theoretischen äußeren Ballistik (1896), Treatise on Ordnance Service (5th ed. 1901), oder Russel's Practical Gunnery (1903).

[2]) Mitteilungen über Forschungsarbeiten, Heft 25 (1905), Seite 57 ff.

bunden; die anderen Klemmen der sekundären Spulen sind bei *F* bzw. *G* geerdet oder mit dem Schiffskörper verbunden, wenn die Messungen auf einem Schiff vorgenommen werden.

Die Primärspulen der Ruhmkorffschen Apparate *C* I und *C* II sind, wie in Fig. 1 gezeigt, in Serien oder hintereinander geschaltet.

Der letztgenannte Stromkreis enthält die Stromquelle *E*, einen Taster *D* zum Einschalten und einen Unterbrecher *K* (Neefscher oder Wagnerscher Hammer).

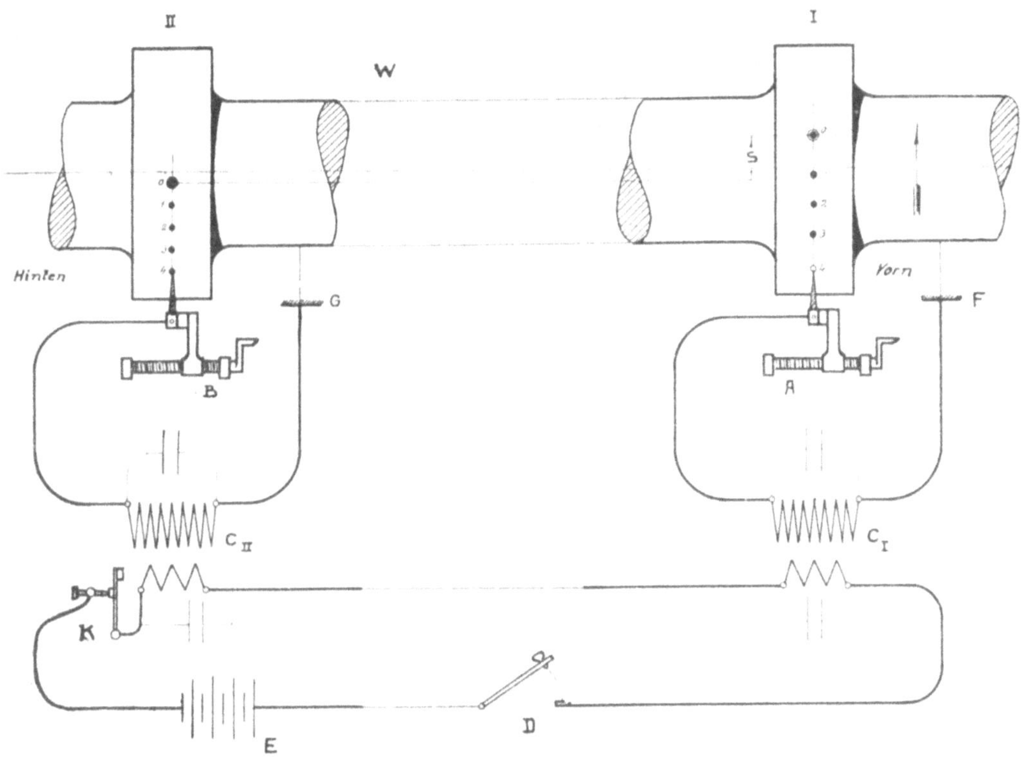

Fig. 1.

Bei spannungsloser Welle werden an deren Umfang die schon früher an anderer Stelle erwähnten Nullmarken angebracht.

Überträgt die Welle Kraft, so werden diese sich um den Verdrehungsbogen *S* gegeneinander verschieben. Dieser Abstand wird für den Verlauf der Umdrehung entweder konstant oder veränderlich sein, je nachdem wir es mit konstanter oder veränderlicher Verdrehung der Welle zu tun haben.

Wird der Taster *D* während der Rotation der Welle niedergedrückt, so werden die Papierstreifen gleichzeitig[3]) von einer Reihe von Funken durchschlagen[4]). Die Entladung findet hier zwischen Metallspitze und Wellen- oder Flanschumfang statt; der Sekundärstrom von *C* I bzw. *C* II geht also von *F* bzw. *G* auf den entsprechenden Teil der Welle über, so daß dieser Teil gewissermaßen die andere Metallspitze der Funkenstrecke ergänzt. Die Differenz der Entfernungen gleichzeitig geschlagener Löcher von ihren entsprechenden Nullmarken stellen dann die Größe des jeweiligen am Flanschumfange gemessenen Verdrehungsbogens dar.

Die Anzahl der Löcher resp. der Stellen, an denen der Verdrehungsbogen gemessen wird, hängt von der Unterbrechungszahl des zur Verwendung gelangenden Unterbrechers *K* und den sonstigen Verhältnissen der Schaltungen ab.

Soll diese keine willkürliche, sondern eine gleichmäßig an bestimmten Stellen auf dem Wellenumfang verteilte Zahl sein, so kann man die Unterbrechung des Primärstromes der Ruhmkorffschen Apparate *C* I und *C* II der Welle selbst überlassen, indem man auf derselben an entsprechenden Stellen Kontakte anbringt, ähnlich, wie wir das bei den optischen Verfahren schon gesehen haben[5]). Eine ähnliche Vorrichtung ist übrigens in Fig. 3, S. 7, gezeigt und ist

Es ist selbstverständlich, daß, wenn die Welle selbst oder ihre Flanschen die oben erwähnten Papierstreifen zu tragen haben, die Antriebsmaschinen bei den entsprechenden Manipulationen des Auflegens oder Abnehmens des Papiers anhalten müssen.

Um diesen lästigen Umstand zu umgehen, hat Föttinger die in Fig. 2 dargestellte Meß- oder Diagrammtrommel vorgeschlagen.

T ist die zweiteilige zur Aufnahme des Papierstreifens bestimmte Trommel; diese ist auf der Welle verschiebbar angeordnet an entsprechender Stelle beschrieben.

---

[3]) Dieses wird natürlich nur dann der Fall sein, wenn die entsprechenden Induktionskreise genau dieselben elektrischen Verhältnisse aufweisen. Zudem ist das rechtzeitige Zustandekommen eines Funkens, wenn nicht besondere Zwangsvorrichtungen getroffen werden, überhaupt etwas Problematisches. Man vergleiche hier eine Abhandlung von Brown, Neuere Methoden und Ziele der drahtlosen Telegraphie, Jahrbuch der Schiffbautechnischen Gesellschaft 1905, Seite 118 ff.

[4]) Genau wie das bei den registrierenden Funken-Watt-Metern der Fall ist. Vergl. Niethammer, a. a. O. p. 148 oder E. T. Z. 1910, Heft 7, Neuerungen an registrierenden Meßgeräten der Siemens & Halske A.-G.)

Durch achsiale Verschiebung der Metallspitzen können fortlaufende Züge solcher Funkendurchschläge erhalten werden, die sich dann in einer Schraubenlinie um die Diagrammfläche ziehen.

[5]) Bei Anwendung von Kontaktvorrichtungen kommt das im optischen Teil Gesagte in Betracht.

und zwar so, daß, wenn sie festgehalten wird, die Welle ungehindert rotieren kann.

Damit die Trommel in vorher genau bestimmter Stellung zur Welle mit dieser fest verbunden werden kann, trägt erstere einen Nocken oder Vorsprung *N*, der in einer Aussparung oder einem Ausschnitt des Teiles *A* paßt. Letzterer Teil ist vermittels eines Bügels oder einer Schelle *U* mit der Welle *W* fest verbunden. Die ganze Anordnung ist so getroffen, daß das Einrücken der Trommel während der Rotation der Welle leicht vor sich gehen kann.

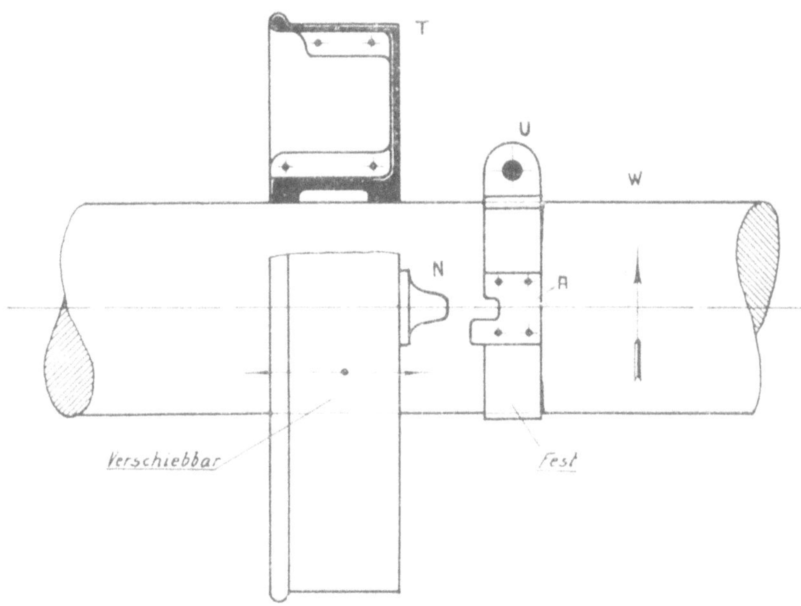

Fig. 2.

Die Vorrichtung hat noch den besonderen Vorteil, daß die Trommel ein- für allemal mit orientierenden Marken versehen werden kann, und so das lästige Neuaufnehmen von Nullmarken bei Verwendung dieser Vorrichtung in Wegfall kommen kann. Auch kann durch passende Wahl des Trommledurchmessers eine entsprechende Vergrößerung der Verdrehungsbogen erreicht werden.

Um gut sichtbare Durchschlagsstellen auf den Papierstreifen zu erzielen, empfiehlt Föttinger[6]) das Einschalten eines kleinen Kondensators (Leydener Flasche oder Franklinsche Tafel) zwischen den Klemmen der sekundären Spulen, wie das in Fig. 1 angedeutet ist.

[6]) Loc. cit. p. 58.

Es ist hier zu bemerken, daß nach Fizeau beim Induktor ein kräftiger Funke auch durch das Einschalten von entsprechenden Kondensatoren, in Fig. 1 angedeutet, in den Primärkreis der Ruhmkorff-Apparate zu erreichen ist. Durch Einschalten der Kondensatoren wird neben der kräftigen Entladung auch erreicht, daß die Entladung stets nur in einer Richtung erfolgt.

Bei Verwendung eines elektrolytischen Unterbrechers (Wehnelt und Simon) sind auch kräftige Funken zu erhalten; bei Verwendung eines solchen Unterbrechers darf natürlich im primären Stromkreise kein Kondensator verwandt werden.

Am deutlichsten werden jedoch die Stellen bezeichnet, an denen Funken übergesprungen sind, wenn man anstatt eines gewöhnlichen Papierstreifens einen solchen verwendet, der vorher berußt wurde (Kerzen- oder Terpentinflamme). Bei Verwendung eines solchen Streifens wird von dem überspringenden Funken an entsprechender Stelle der Ruß vollständig weggefegt, so daß eine helle deutlich wahrnehmbare Stelle auf dem Papierstreifen verbleibt[7]).

Natürlicherweise erfordert die Auswertung der auf oben beschriebenem Wege erhaltenen Diagramme einen bedeutenden Aufwand an Arbeit und nicht weniger an Geschicklichkeit.

Es sei daher, ehe wir auf einige andere Verfahren dieser Art eingehen, kurz auf eine ebenfalls von Föttinger vorgeschlagene Anordnung eingegangen, bei der die weiter oben erwähnte Differenzbildung[8]) gewissermaßen durch die Eigenart der erwähnten Anordnung eliminiert wird, so daß bei derselben die Größe der Verdrehungsbögen direkt zum Ausdruck gelangt.

Fig. 3 stellt die Anordnung im Prinzip dar.

Der Flansch II der Welle *W* ist mit einem Kontaktstreifen *K* versehen, der aus Metall besteht und isolierende Plättchen 1, 2, 3 usw. trägt. Auf II schleift eine Kontaktbürste *A*, die mit einer Stromquelle *E*, einem Taster *D* und der Primärspule des Funkeninduktors oder Ruhmkorffschen Apparates *C* leitend verbunden ist. Die noch freie Klemme der Primärspule von *C* ist bei *F* geerdet. Befindet sich

---

[7]) In analoger Weise können polierte oder berußte Blech- oder Metallstreifen zur Anwendung gelangen. Ebensogut können auch mit Chemikalien getränkte Papierstreifen zur Anwendung gelangen, die an den Rändern der Stellen, an denen Funken durchgeschlagen sind, die Farbe wechseln (Polprobierpapier), entweder sofort durch die Wärmeentwicklung des Funkens oder erst durch nachträgliche chemische Behandlung.

[8]) Bei dem vorhergehenden Verfahren kann die Differenzbildung wesentlich vereinfacht werden, wenn transparente Diagrammstreifen zur Anwendung gelangen (vergl. S. 12).

die Bürste *A* nicht gerade auf einem der isolierenden Plättchen, so ist leicht zu ersehen, daß der von *E* ausgesandte Strom seinen Weg von *A* über den entsprechenden Teil der Welle nach *F* nehmen wird, um von hier über Primärspule *C* und Taster *D* wieder zur Stromquelle *E* zu gelangen.

Solange also die Bürste *A* auf Metall schleift, wird ein konstanter Strom durch die Primärspule des Induktors *C* fließen; nur in Momenten, wo die Bürste *A* auf eine isolierte Stelle trifft, wird der Strom während der Rotation der Welle momentan unterbrochen.

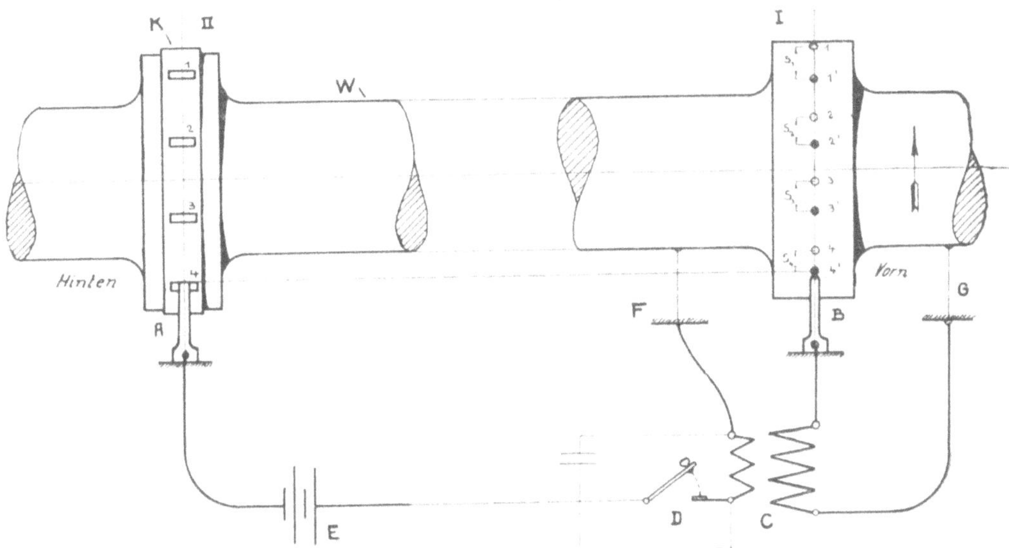

Fig. 3.

Dieses wird zur Folge haben, daß bei entsprechender Anordnung des Sekundärkreises von *C* in diesem ein Funke überspringen wird.

Der Sekundärkreis von *C* besteht aus der nötigen Induktionsspule und einer Metallspitze und ist bei *G* geerdet. Die andere Metallspitze der Funkenstrecke wird durch einen Teil der Welle und dem Flansch I ersetzt.

Bei rotierender spannungsloser Welle mögen die Funken an den mit 1, 2, 3 usw. bezeichneten Stellen auf den Flansch I übergegangen sein.

Überträgt die Welle Kraft, so werden ebenso wie bei rotierender spannungsloser Welle Funken überspringen, nur werden die entsprechenden Durchschlagstellen 1', 2', 3' usw. um die jeweiligen Verdrehungsbogen S^1, S^2, S^3 usw. gegeneinander verschoben sein.

Die Stärke des auf I überspringenden Funkens wird im allgemeinen nicht davon abhängen, wie schnell der Primärstrom von *C* durch *K* auf II unterbrochen wird, sondern mit welcher Schnelligkeit der Primärstrom auf Null abklingt.

Dieses Abklingen erfolgt nach der im Abschnitt: Die optischen Methoden angegebenen Formel. Hier sei nur erwähnt, daß sehr hoher Widerstand des Primärstromkreises das gewünschte Schnellabklingen des Stromes zur Folge hat.

Am einfachsten wird jedoch dieser Zweck erreicht, indem der Primärspule des Induktors *C*, wie in Fig. 3 angedeutet, ein Kondensator parallel geschaltet wird, in welchem Falle das Abklingen des Primärstromes augenblicklich erfolgt. Die käuflichen Funkeninduktoren sind meistens direkt mit Kondensatoren ausgerüstet.

Bei dieser Anordnung gilt auch das schon in Fußnote 5, S. 4, Gesagte[9]).

Wir haben hier noch drei Verfahren zu besprechen, von denen die zwei ersten von Föttinger herrühren, und bei denen das Überspringen oder Durchschlagen der Funken der in Fig. 1 gezeigten Anordnung durch ein mechanisches Aufreißen erzielt wird, während das letzte Verfahren von Frahm herrührt und den Umstand benutzt, daß bestimmte Substanzen bei Stromdurchgang ihre Zusammensetzung und Farbe ändern.

Stimmgabelanordnung.

In Fig. 4 ist gezeigt, wie das aus der Physik bekannte Vibrations-Chronoskop zur Verdrehungsmessung herangezogen werden kann[10]).

Die Flanschen oder Trommeln I und II der Welle *W* sind in bekannter Weise mit berußten Papier- oder Blechstreifen umgeben. Die Stimmgabeln *A* und *B* sind je mit einem Elektromagneten versehen und können achsial verschoben werden. Die rechte Zinke von *A* resp. *B* trägt einen Schreibstift, die linke Zinke von *B* trägt eine Kontaktfeder, die gegen eine entsprechende Kontaktschraube stößt.

---

[9]) Föttinger hat eine Abänderung dieser Anordnung vorgeschlagen, die es ermöglicht, mittels einer mitrotierenden Funkenstrecke die an vorhandenen Maschinen auftretenden Wellenverdrehungen einem größeren Kreise zu demonstrieren. (Loc. cit. p. 62.)

[10]) Radinger hat bereits diesen Apparat in einfachster Form zur Messung von Geschwindigkeiten vorgeschlagen. (Siehe Dampfmaschinen mit hoher Kolbengeschwindigkeit.)

Vergl. Bauer, Jahrbuch d. Schiffbautechn. Gesellschaft 1900, S. 312, und ibid. Gümbel, 1901, Seite 294.

Die eben erwähnten Elektromagnete sind unter sich leitend verbunden. Der Elektromagnet von *A* ist über den Taster *C* und Stromquelle *D* mit der Kontaktschraube von *B* verbunden. Das freie Ende des Eletkromagneten des letzteren ist mit der Stimmgabel leitend verbunden.

Findet eine Berührung zwischen Kontaktfeder und -schraube der Stimmgabel *B* bei herabgedrücktem Taster *C* statt, so werden die Elektromagnete der Stimmgabeln *A* und *B* durch einen Strom erregt, der von *D* über Kontaktschraube und -feder, linke Zinke von *B* über *A* und *C* nach *D* zurückfließt. Diese Erregung der Magnete von *A* und *B* hat zur Folge, daß deren Zinken angezogen werden.

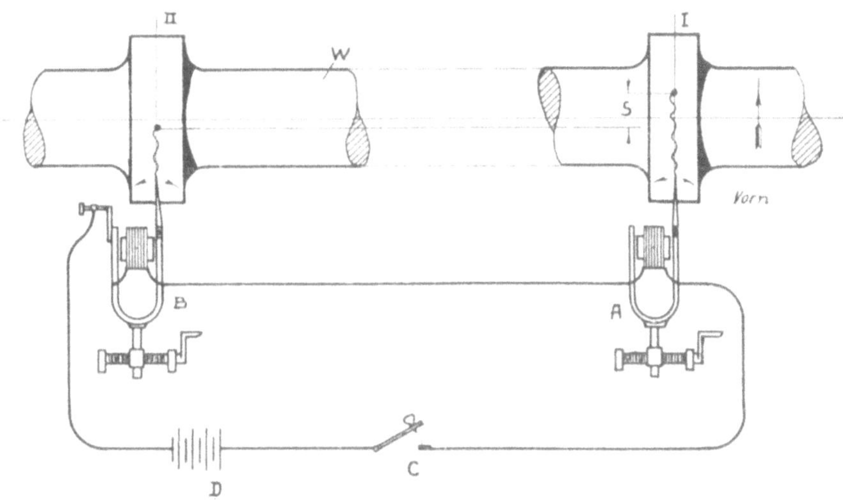

Fig. 4.

Hierdurch wird aber der Strom bei *B* unterbrochen, wodurch die Magnete stromlos werden und die Zinken der Stimmgabeln zurückschnellen lassen, worauf das eben beschriebene Spiel von neuem vor sich geht. Die linke Zinke von *B* hat hier also dieselbe Funktion wie der Anker beim Neefschen oder Wagnerschen Hammer.

Durch das Hin- und Herpulsieren der Ströme in den Magneten werden die Stimmgabeln in Schwingungen versetzt, die genau ihrer Eigenschwingung entsprechen.

Sind beide Gabeln genau abgestimmt, so werden die mit Schreibstiften versehenen Zinken zu gleicher Zeit ihre Mittellagen durchschreiten.

Läßt man also durch eine mit *A* bzw. *B* bezeichnete fest verbundene Schreibfeder eine Linie auf dem Wellenumfang usw. verzeichnen, die den Mittelstellungen der entsprechenden Zinken entspricht, so werden die Schnittpunkte der auf den Flanschen I und II usw. verzeichneten Kurvenzüge (vergl. Fußnote 36, Abschnitt: Die optischen Methoden) mit den erwähnten Mittellinien Punkte angeben, die gleichzeitig oder simultan verzeichnet wurden.

Die Differenz der Entfernung dieser Punkte von entsprechenden Nullmarken gibt nach Früherem den jeweiligen Wert des Verdrehungsbogens *S* an.

Zu erwähnen ist noch, daß, wenn die Schwingungsdauer der Stimmgabeln *A* und *B* bekannt sind, aus dem Verlauf der aufgezeichneten Kurven auf die momentane Geschwindigkeit der Welle geschlossen werden kann (vergl. Fußnote 10, Seite 8), und so von Punkt zu Punkt mit Hilfe des zugehörigen Verdrehungsbogens die Größe der augenblicklichen von der Welle übertragenen Leistung bestimmt werden kann.

Verfahren mit zwei Synchronmotoren.

Bei diesem Verfahren werden die Schnittpunkte mit einer auf dem Diagramm aufgerissenen Mittellinie auf die folgende Weise erhalten.

Zwei kleine Synchronmotoren, deren Rotor aus permanenten Magneten oder solchen, die durch Gleichstrom erregt werden, bestehen kann, tragen auf ihrer Rotorachse je einen Schreibstift (vergl Fig. 5).

Die Lage der Motoren mit ihren Schreibstiften ist aus der Nebenfigur zu Fig. 5 zu ersehen.

Die Stromquelle wird bei *D* angeschlossen. Für den in Fig. 5 gezeichneten Fall würde Zweiphasenstrom in Frage kommen[11]). Die einzelnen Phasen sind bei *C* mit Schaltern oder Tastern versehen.

In der Eigenart der Synchronmotoren liegt es, daß, sobald die Schreibstifte relativ zu ihren Ankern dieselben Stellungen einnehmen, die Schreibstifte auch zur gleichen Zeit, d. h. im selben Augenblick am Wellenumfang usw. vorbeistreifen werden.

Wird, wie bei dem vorhergehenden Verfahren, eine Mittellinie verzeichnet, so gibt wieder in bekannter Weise die Differenz der Entfernungen gleichzeitig verzeichneter Schnittpunkte auf dieser Linie von den bei spannungsloser Welle aufgenommenen Nullmarken die Größe der momentanen Verdrehungsbögen. Die Nullmarken sind

---

[11]) Gewendeter oder kommutierter Gleichstrom kann auch verwendet werden.

wieder während der Kraftübertragung um den jeweiligen Verdrehungsbogen S gegeneinander verschoben, wie das in Fig. 5 angedeutet ist.

Da die Tourenzahl der Synchronmotoren von deren konstruktiver Ausbildung und der Perioden- oder Wechselzahl der zur Verwendung gelangenden Stromquelle abhängig ist, und sich somit leicht bestimmen läßt, ist es leicht zu ersehen, daß das obige Verfahren sich

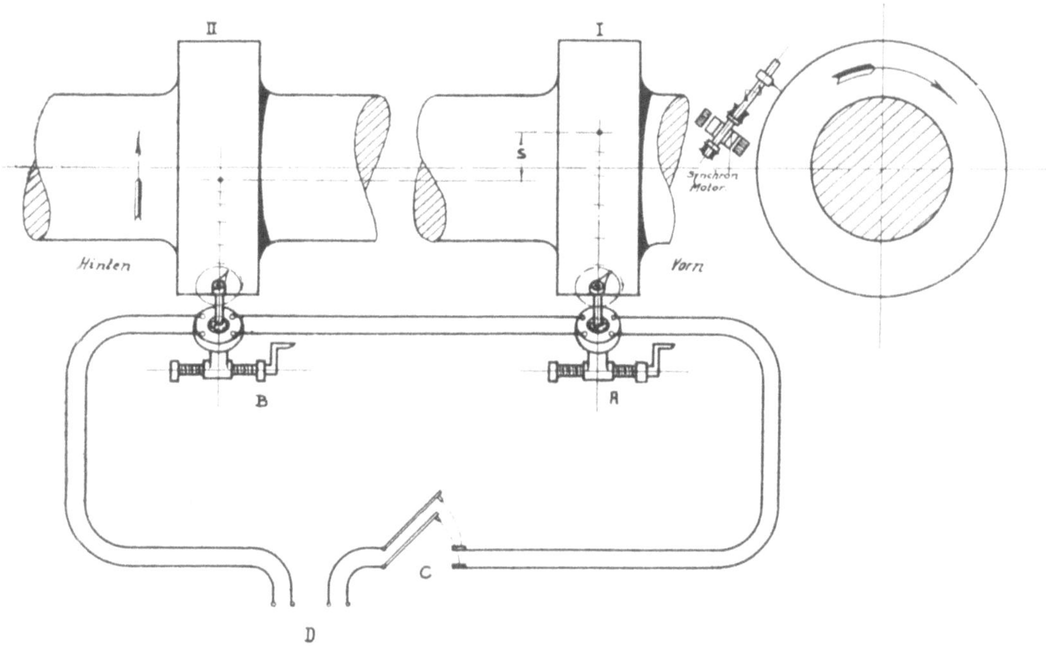

Fig. 5.

nicht nur dazu eignet, die Größe des momentanen Verdrehungsbogens zu messen, sondern auch die gleichzeitige Bestimmung der entsprechenden Umfangsgeschwindigkeit der Welle ermöglicht[12]).

[12]) Während einer Umdrehung des Motors legt die Welle einen Weg zurück, der gleich der Entfernung zweier aufeinander folgender Schnittpunkte des Diagramms ist.

Wird die Umdrehungszahl des Motors mit n bezeichnet, so ist die Zeit, die der Motor zu einer Umdrehung benötigt, gleich $\frac{60}{n}$ Sek. Wird die Entfernung zwischen je zwei Schnittpunkten mit l bezeichnet, und wird l in mm gemessen, so ist die momentane Wellengeschwindigkeit:

$$\frac{\text{Weg in Metern}}{\text{Zeit in Sek.}} = \frac{l/_{1000}}{\frac{60}{n}} = \frac{n \cdot l}{60 \cdot 1000} \text{ m sek.}$$

Aus der Kombination der beiden oben genannten Größen folgt dann sofort die Größe der von der Welle übertragenen Leistung.

Um Messungen über mehrere Umdrehungen der Welle hin zu erstrecken, sind die Synchronmotoren achsial verschiebbar gelagert, wie in Fig. 5 angedeutet. Ein fester Schreibstift verzeichnet dann eine Schraubenlinie, deren Steigung von der Achsialgeschwindigkeit der Anordnung abhängig ist, während die synchron rotierenden Schreibstifte diese Linie mit den entsprechenden Schnittpunkten versehen.

Die Auswertung der erhaltenen Diagramme kann erheblich vereinfacht werden, wenn die Aufzeichnungen auf einem transparenten Streifen, z. B. Glimmer, Gelatine, Zelluloid usw., erfolgt.

Werden je zwei solcher zugehörigen Streifen übereinander gelegt, so daß sie in ihren Nullmarken und Mittellinien übereinstimmen, so ergeben sich die den nötigen Differenzen entsprechenden Abstände sofort bei einer Durchkopie auf lichtempfindliches Papier usw., d. h. die Verdrehungsbögen lassen sich auf diesem direkt abgreifen[13]).

Verfahren mit Motorunterbrecher.

Frahm (a. a. O.) hat bei seinen klassischen Untersuchungen über die dynamischen Vorgänge in langen Wellenleitungen das folgende Verfahren zur punktweisen Bestimmung der Verdrehungsbögen verwandt.

Zwei möglichst weit auseinander liegende Flanschen derselben Welle werden mit chemisch präparierten Zinkbändern versehen. Gegen diese drückt je ein Platinstift, der gegen die Welle achsial verschoben werden kann.

Eine Stromquelle hat ihren einen Pol geerdet[14]), während der andere in zwei Leitungen auszweigt, von denen je eine durch einen

---

Zu 12) Ein Verfahren dieser Art ist auch tatsächlich zur Bestimmung der Ungleichförmigkeit der Wellenumdrehung bei Dampfern von Heck ausgebildet worden. (Vergl. Heck, Notes on the Variation of Angular Velocities in the Shafting of Marine Engines. Trans. Inst. Naval Architects, April 14, 1905, und Engineering 1905: Recording Angular Velocities of Marine Shafting, p. 685 ff.)

[13]) Es können hier auch gewachste oder geölte Diagrammstreifen benutzt werden, ähnlich wie die Schablonenbogen der Vervielfältigungsapparate, speziell des Mimeographen.

In dieser Weise können durch das Abziehen von zugehörigen Diagrammstreifen die nötigen Differenzen auch sofort auf einem besonderen Streifen erhalten werden.

[14]) Auf Dampfern und elektrischen Bahnzentralen ist der negative Pol der Stromquelle geerdet, d. h. die Rückleitung des Stromes erfolgt durch

Motorunterbrecher mit den erwähnten Platinstiften verbunden ist. Der Motorunterbrecher gleicht im Prinzip genau dem im Abschnitt: Verdrehungsschwingungen, Kritische Umdrehungszahlen und Energieverluste in Wellen Gezeigten. Er ist so eingerichtet, daß beide Leitungen gleichzeitig unterbrochen bzw. geschlossen werden.

Der Strom nimmt in beiden Fällen den folgenden Weg: Von dem nicht geerdeten Stromquellenpol durch den Unterbrecher zum Plantinstift, von hier durch Kontakt mit Zinkstreifen, der leitend mit der Welle verbunden ist, zur Erde und durch diese zurück zum geerdeten Pol der Stromquelle.

Die Oberfläche der chemisch präparierten Zinkbänder ist mit einer schwarzen Oxydschicht derart sensitiert, daß beim Stromübergang vom Platinstift zum Zinkstreifen auf der schwarzen Oxydschicht an den entsprechenden Stellen weiße Striche oder Linien erscheinen.

Durch langsames gleichzeitiges Weiterkurbeln oder Verschieben der Platinstifte in achsialer Richtung entstehen dann auf den sonst schwarzen Zinkbändern schraubenförmig verlaufende Linienzüge, die aus lauter kleinen weißen Strichen bestehen, deren Länge und jeweiliger Abstand von der Unterbrechungszahl des Unterbrechers und dessen sonstigen Verhältnissen abhängen wird.

Die Entfernungen der Anfangspunkte bzw. Endpunkte[15]) zur gleichen Zeit verzeichneter Linien von den entsprechenden Nullmarken sind dann, wie bei den anderen im Vorhergehenden beschriebenen Verfahren für die Größe des jeweiligen Verdrehungsbogens maßgebend.

Ist die Unterbrechungszahl des Motorunterbrechers bekannt, so kann in analoger Weise wie bei den vorhergehenden Methoden aus den Aufzeichnungen auch auf die Umfangsgeschwindigkeit der Welle geschlossen werden.

Zur Orientierung, d. h. damit man weiß, welche Reihen von Strichen zusammengehören, läßt man am besten längere Zeit einen

---

den Schiffskörper bezw. die Erde. Dieser Umstand ist zu berücksichtigen, wenn der Strom, der der Versuchsanordnung im obigen Falle zugeführt wird, einem entsprechenden Netz entnommen wird.

[15]) Die Endpunkte der Striche werden im allgemeinen ausgeprägter sein als wie die Anfangspunkte.

Für die eigentliche Verdrehungsmessung kommen daher nur die Endpunkte entsprechender Striche in Betracht; damit diese Punkte absolut gleichzeitig entstehen, und genau dem Moment entsprechen, in dem der Strom unterbrochen wurde, wird es empfehlenswert sein, beiden Stromkreisen einen Kondensator parallel zu schalten, wie das schon im Vorhergehenden in ähnlichen Fällen vorgeschlagen wurde.

Strom zwischen Platinstift und Zinkband übergehen[16]); tritt hiernach der Motorunterbrecher in Tätigkeit, so kann man genau feststellen, welche Marken gleichzeitig verzeichnet wurden, und so ist die Reihenfolge der Aufzeichnungen gegeben.

Zu erwähnen ist noch, daß ein sehr einfacher Versuchsapparat der obigen Art entsteht, wenn man den Teil der Welle, der zwischen den Meßflanschen liegt, als Leitung benutzt.

Hierbei wären die beiden Platinstifte durch eine Stromquelle und einen einfachen Unterbrecher[17]) in einen Stromkreis zu schließen, der durch das eben genannte Wellenstück ergänzt würde. Im Interesse der Erzielung deutlicher Endmarken wird sich auch hier die Parallelschaltung eines Kondensators zu Unterbrecher und Stromquelle empfehlen.

Auch brauchen die Diagrammstreifen nicht notwendigerweise aus präparierten Zinkblättern zu bestehen, es können auch sinngemäß Streifen aus chemisch sensitierten Papieren mit entsprechenden Schreibstiften Anwendung finden[18]).

Soweit für eine prinzipielle Schilderung einzelner punktweiser Verfahren zur Verdrehungsmessung.

Was die Zuverlässigkeit dieser Methoden anbelangt, so ist eine große Unsicherheit dieser Methoden darin zu erblicken, daß durch eine Verschiebung der Metallspitzen oder Schreibstifte konzentrisch zur Welle die resultierenden Messungen beliebig gefälscht werden können[19]).

Daß eine solche Verschiebung nicht eintreten könnte, ist in den vorausgeschickten Erörterungen stillschweigend vorausgesetzt worden.

Die Möglichkeit des Auftretens solcher Fehler wird eine öftere Nachkontrolle der Nullstellungen erfordern.

Die Anordnung der Fig. 3 ist von diesem Gesichtspunkt aus als die günstigste zu betrachten; nur darf die Metallspitze der Funken-

---

[16]) Die Platinstifte können auch verschiedentlich gleichzeitig um eine geringe Strecke versetzt werden, so daß man später aus der Gruppierung der Anzeigen auf die zueinander gehörigen Gruppen schließen kann.

[17]) Derselbe kann aus einer gewöhnlichen elektrischen Schelle bestehen.

[18]) Vergl. Orlich und Niethammer, beide a. a. O., Elektrolytische Kurvenaufnahme.

[19]) Die Metallspitzen oder Schreibstifte können hier auf der Welle aufgehängt werden, ähnlich, wie das bei der Lagerung der Nebenwelle des im Teil: Die mechanischen Methoden gezeigten Torsionsindikators von Denny-Edgecombe der Fall ist. Nur muß hier noch besonders dafür gesorgt werden, daß beide Schreibstifte in derselben Lage zur Welle verharren.

strecke bei späteren Messungen ihre Lage gegenüber derjenigen, in der sie sich befand, als die Nullmarken verzeichnet wurden, unter keinen Umständen ändern.

Zu betonen ist, daß die achsiale Verschiebung dieser Elemente, wie sie bei den Messungen mit Vorbedacht vorgenommen wird, keinen Einfluß auf die Messungen ausüben kann, da es sich bei diesen um einen Zeitbegriff handelt, indem dieselben auf der Lage g l e i c h z e i t i g erzeugter Durchschlags- oder Schnittpunkte basieren.

Da, wo die relative Lage der Schreibstifte, Metallspitzen usw. scharf kontrolliert werden kann, z. B. bei wissenschaftlichen Messungen auf festem Grund und Boden, werden die oben beschriebenen Verfahren in Frage kommen, besonders weil bei ihnen eine Beeinflussung der Messungsresultate durch Eigenschwingungen der Apparatur bei sachgemäßer Anordnung einzelner Teile im weitesten Umfange ausgeschlossen ist.

Der praktischen Anwendung dieser Verfahren steht im allgemeinen die Umständlichkeit der Auswertung der gewonnenen Diagramme entgegen.

Obwohl, wie wir später sehen werden, die elektrischen Methoden zur Verdrehungsmessung die eigentliche Kategorie der Fernmeßapparate zu diesen Zwecke konstituieren, eignen sich die hier beschriebenen Methoden überhaupt nicht zur Fernmessung.

Eine Fehlermöglichkeit, die allen obigen Verfahren, abgesehen von dem der Fig. 3, anhaftet, verdient zum Schluß noch mit einigen Worten der Erwähnung.

Haben die Flanschen oder Trommeln, die die Diagrammstreifen tragen, nicht genau denselben Durchmesser oder sind letztere in ihrer Stärke verschieden, so ist leicht zu ersehen, daß beim Vergleich der einzelnen am Flansch- oder Trommelumfang gemessenen Strecken Fehler eintreten können, die dadurch bedingt sind, daß die zu vergleichenden Größen nicht auf Kreisen gleichen Durchmessers gemessen wurden.

Sollten solche Differenzen in den Durchmessern vorhanden sein, was praktisch sehr wahrscheinlich ist, so müssen die Meßresultate auf gleiche Durchmesser der Trommel oder Flanschen reduziert werden.

Wie man leicht sieht, wird der prozentuale Unterschied in den Umfängen zugehöriger Diagrammstreifen gleich dem prozentualen Unterschied der entsprechenden Durchmesser sein[20]).

[20]) Bezeichnet man mit U den Umfang einer Trommel oder eines Flansches vom Durchmesser d, so ist $U = \pi \cdot d$, d. h. auch $dU = \pi \delta d$,

Punktweise Messung der Verdrehung auf optischem Wege.

Wie wir eingangs erwähnten, ist die Messung der Verdrehung nach dem Prinzip, welches dem weiter oben beschriebenen elektrischen Verfahren zugrunde liegt, auch auf optischem Wege möglich.

Obwohl die Besprechung dieses Verfahrens, welches in seiner Ausführung hauptsächlich auf die Anwendung der Eigenschaften des Lichtes basiert, eigentlich im Kapitel über die optischen Verfahren der Verdrehungsmessung seine Erledigung finden sollte, möge hier wegen seiner Ähnlichkeit mit den vorhergehenden elektrischen Methoden kurz ein Verfahren angegeben werden, welches sehr geeignet erscheint, die eben genannten Verfahren für wissenschaftliche Zwecke zu ersetzen, da ihm die bei diesem Verfahren gerügten Fehlermöglichkeiten nicht anhaften und die sonstige Anordnung eine ziemlich einfache ist.

Versieht man, analog wie bei den vorhergehenden Verfahren, die Flanschen oder dergl. mit einem lichtempfindlichen Streifen, und stellt man ferner eine Lichtquelle mit zwei gesteuerten Schlitzen derart auf, daß jeder Schlitz seinen Strahl zur gleichen Zeit auf die ihm entsprechende empfindliche Schicht wirft, um dann sofort wieder zu erlöschen, so werden auf den Schichten Punkte belichtet, deren Lage genau so die Verdrehungsmessung zuläßt, wie das bei den vorhergehenden Metohden des näheren dargetan wurde.

Naturgemäß wäre es bei einem solchen Verfahren wie diesem nötig, die lichtempfindlichen Schichten gegen sonstiges Licht zu schützen, was keine praktischen Schwierigkeiten haben wird.

---

oder der relative Fehler (derselbe mit 100 multipliziert gibt den prozentualen) im Umfange

$$\frac{dU}{U} = \frac{\pi \delta d}{\pi d} = \frac{\delta d}{d}$$

d. h. gleich dem, der in den entsprechenden Durchmessern vorkommt.

Zu erwähnen wäre hier noch, daß in den Diagrammen selbst Längenunterschiede durch die Feuchtigkeit usw. entstehen können. Hierdurch entstehende Fehler können dadurch berücksichtigt werden, daß vor dem Gebrauch die Diagrammstreifen mit Strichen gleicher festgesetzter Länge versehen werden. Haben diese bei der Auswertung der Diagramme nicht mehr dieselbe Länge, so müssen die Maßstäbe zugehöriger Diagramme entsprechend reduziert werden.

Auch wäre hier noch daran zu erinnern, daß elektrische Funken immer denjenigen Weg nehmen, auf denen ihnen der geringste Widerstand geboten wird, oder unter sonst gleichen Verhältnissen nehmen sie den kürzesten Weg.

Hierauf ist bei der Wahl des Papiers für die Diagrammstreifen bei den Funkenmethoden zu achten; es wäre also ein Papier zu wählen, welches möglichst von gleichmäßiger Beschaffenheit wäre.

Als gesteuerte Lichtquelle erscheint hier das bei den optischen Methoden angedeutete Verfahren in doppelter Ausführung sehr beachtenswert.

Es liegt auch auf der Hand, daß alle der Eigenart der Funkenregistrierung entspringenden Fehler (Ausbleiben, schräger oder indirekter Übergang usw.) bei einem Verfahren, bei dem der Lichtstrahl die Registrierung besorgt, gänzlich in Wegfall kommen.

Doch der größte Vorteil einer solchen Methode ist darin zu erblicken, daß bei einer Anordnung derselben, wie oben angedeutet, eine Verschiebung der ganzen Lichtquelle auf die Messungen keinen Einfluß hat.

Würde man zwei separate Lichtquellen anwenden, d. h. je eine dem entsprechenden Flansch gegenüber anbringen, so wäre man nicht besser gestellt wie bei den elektrischen Methoden mit ihren separaten Schreibstiften usw.

Die oben angedeutete Methode ist eben dadurch gekennzeichnet, daß sie es ermöglicht, die Lichtschreiber so anzuordnen, daß sie zusammen stets dieselbe Bewegung ausführen, falls eine solche eintreten sollte.

Wird die Anbringung von zwei lichtempfindlichen Schichten als umständlich betrachtet, so kann das Verfahren dahin abgeändert werden, daß jeder Flansch mit einer Lichtquelle ausgerüstet wird, so daß dieselben die eigentlichen Nullmarken ersetzen.

Tritt dann an Stelle der gesteuerten Lichtquelle eine Trommel mit einer lichtempfindlichen Schicht versehen, so kann alles so eingerichtet werden, daß die beiden Lichter bei jeder Umdrehung nebeneinander in ihre relativen Lage photographiert werden, woraus die jeweiligen Verdrehungen der Welle ohne weiteres folgen.

Zu erwähnen ist noch, daß, obwohl die letzte Methode in der Anordnung sich vielleicht einfacher gestaltet und zudem den Vorteil besitzt, daß die Verdrehungsbögen in entsprechender Größe sofort auf einem und demselben Diagrammblatt erscheinen, das zuerst angedeutete Verfahren sich weit besser für fortlaufende Messungen an verschiedenen Stellen der Umdrehung eignet.

Bei dem letztgenannten Verfahren brauchen nämlich zu diesem Zwecke nur die Lichtschlitze durch in geeigneter Lage auf der Welle angebrachte Kontakte gesteuert zu werden, während im anderen Falle die Registriertrommel selbst oder die Lichter konzentrisch zur Welle wandern müßten.

Weiter kann an dieser Stelle nicht auf diese Verfahren eingegangen werden; zudem ergibt sich alles Nötige durch sinngemäße

Anwendung des bei Besprechung der optischen Methoden an korrespondierender Stelle und über die elektrischen Methoden im vorhergehend Gesagten.

Messung der Verdrehung mittelst elektrischer Kontakte.

Schon im Teil Allgemeine Gesichtspunkte hatten wir Gelegenheit, zu zeigen, wie die Torsionsmessung mit Hilfe geeignet angeordneter elektrischer Kontakte auf eine Zeitmessung reduziert werden kann.

Ein Rückblick auf genannte Seite wird zeigen, daß die Messung der Verdrehung nach der dort entwickelten Methode nicht allein durch Anwendung einer rotierenden Scheibe, sondern auch auf jedem Wege, der es ermöglicht, sehr kurze Zeiten festzustellen, erfolgen kann[21]).

Ihrer Eigenart entsprechend sind diese Methoden besonders zur Fernmessung geeignet.

Sieht man jedoch von der Einfachheit ab, mit der dieselbe hier erfolgen kann, und ist man bereit, dafür eine etwas kompliziertere Anordnung mit in Kauf zu nehmen, falls auf eine Fernmessung der Verdrehung noch reflektiert wird, so läßt sich die folgende Anordnung zur Verdrehungsmessung treffen.

Schaltet man in den Stromkreis der beiden im Abschnitt Allg. Gesichtspunkte erwähnten Kontakte ein Galvanometer oder einen sonstigen Stromanzeiger, statt der dort benutzten Funkenstrecke, so ist klar, daß bei jeder Umdrehung der zuerst als spannungslos gedachten Wellen bei geeigneter Anordnung der Kontakte das Galvanometer einen Strom anzeigen wird[22]), weil beide Kontakte, wie dort vorausgesetzt, unter obigen Bedingungen zur gleichen Zeit erfolgen sollen.

---

[21]) Sehr kurze Zeiten lassen sich auf die verschiedensten Weisen bestimmen. (Vibrations-Chronoskop in Verbindung mit elektrisch betätigten Kontakten.)

Hier sei nur erwähnt, daß mittels einer Umänderung der Anordnung der Klepsydra oder Wasseruhr der Alten eine Vorrichtung geschaffen werden kann, die es ermöglicht, sehr genaue Messungen der Verdrehung nach obigem Prinzip auszuführen. Kater a. a. O. hat bei seinen Untersuchungen über die Länge des Sekundenpendels schon eine Anordnung getroffen, die es ihm ermöglichte, sehr kurze Zeitabschnitte mit weitgehender Genauigkeit festzustellen; er ersetzt hierbei das Wasser der Klepsydra durch Quecksilber.

[22]) Die Schaltung kann natürlich auch so getroffen werden, daß unter obigen Umständen das Galvanometer stromlos ist. Eine solche Schaltung findet sich auf Seite 27, Fig. 8.

Überträgt dagegen die Welle Kraft, so wird infolge der hierdurch bedingten gegenseitigen Verschiebung der Kontakte im Galvanometer zu keiner Zeit mehr ein Strom wahrzunehmen sein, da die Kontakte wohl noch einmal pro Umdrehung erfolgen, aber nicht mehr simultan, sondern sukzessiv erfolgen, genau wie schon früher erklärt.

Selbst unter diesen Umständen wird es aber möglich sein, auf dieselben Verhältnisse hinsichtlich des Stromes im Galvanometer zurückzukommen, die bei spannungsloser Welle herrschten.

Bewegt man nämlich einen der gegenüber der Welle angebrachten Kontakte in geeigneter Richtung konzentrisch zur Welle und achtet man dabei auf das Galvanometer, so wird man wahrnehmen, daß plötzlich bei einer bestimmten Stellung des bewegten Kontaktes dasselbe wieder einen Strom anzeigt. Es ist leicht einzusehen, daß der Winkel, um den der Kontakt um die Welle bewegt wurde, genau dem augenblicklichen Verdrehungswinkel der Welle entspricht, da bei gespannter Welle die im Abschnitt Allg. Gesichtspunkte, erwähnten Kontaktnocken um den jeweiligen Verdrehungswinkel gegeneinander nach- resp. voreilen.

Diese Idee liegt einer Reihe von elektrischen Torsionsindikatoren zugrunde.

Man sieht, daß dieselbe die direkte Bestimmung des Torsionswinkels durch geeignete Verschiebung eines Kontaktes ermöglicht.

Die Notwendigkeit dieser Verschiebung eines Kontaktes hat aber, soweit die Fernmessung in Betracht kommt, einen Nachteil: weil die nötige Verschiebung des Kontaktes und ganz besonders die Feststellung des Umfanges derselben selbstverständlich ohne Anwendung besonderer Mittel aus der Ferne nicht erfolgen kann.

Sollen also nach diesen Verfahren Fernmessungen ausgeführt werden, so wird es nötig sein, in erster Linie für eine Vorrichtung zu sorgen, die es ermöglicht, den erwähnten Kontakt aus der Ferne um beliebige Beträge konzentrisch zur Welle zu verschieben und gleichzeitig die Größe der jeweilig vorgenommenen Verschiebung zur Anzeige bringt.

Auf die hier in Betracht kommenden Möglichkeiten werden wir an geeigneter Stelle noch zurückkommen; wir gehen hiermit zur Beschreibung der oben erwähnten Verfahren über.

Der Verdrehungsmesser (System Rambal) von Maihak.[23])

Dieses Verfahren entspricht im Prinzip unseren obigen Ausführungen.

Fig. 6 zeigt unten links eine Welle a mit zwei Scheiben b und b_1, die in der durch die Pfeile angegebenen Richtung mit der Welle a rotieren. Die Scheiben b und b_1 tragen Kontaktstücke c und c_1. Konzentrisch zu den Scheiben sind Kontakte d und d_1 an-

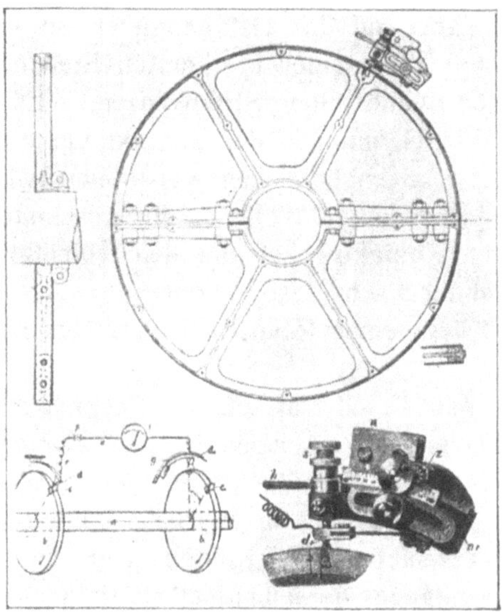

Fig. 6.

geordnet, die mit c und c_1 in Kontakt gebracht werden können.

Die Schaltung ist so getroffen, daß das Galvanometer i (Fig. 6) einen von p ausgehenden Strom anzeigt, sobald d, d_1 und c, c_1 sich gleichzeitig berühren. Der Strom schlägt hierbei den folgenden Weg ein: von der Stromquelle p über Leitung e, Galvanometer i, Führung g nach d_1, von da nach c_1 über Rad b_1 (welches mit der Welle leitend verbunden ist), Welle a nach Scheibe b; von dieser über c nach d, und von da über Leitung e wieder zur Stromquelle p zurück. Ein Teil der Leitung wird also in geeigneten Momenten durch die Welle selbst mit ihren Scheiben ergänzt, wie wir das schon bei anderen Verfahren gesehen haben.

---

[23]) Wird von H. Maihak, Hamburg, geliefert. Siehe Meihaks Kataloge oder Technische Rndschau, Berlin, 10. Nov. 1909, Seite 694.

Die Führung *g* gestattet eine meßbare Verschiebung des Kontaktes d_1 konzentrisch zur Welle.

Soll eine Messung vorgenommen werden, so ist zuerst nötig, die Außenkontakte *d* und d_1 so einzustellen, daß bei jeder Umdrehung der spannungslos rotierenden Welle das Galvanometer *i* eben einen Strom anzeigt (ist das Galvanometer *i* träge oder unempfindlich und die Umdrehungszahl der Welle genügend hoch, so wird das Galvanometer einen Dauerausschlag anzeigen).

Wird die Welle nachträglich belastet und erleidet sie hierdurch die in der Fig. 6 angedeutete Verdrehung, so wird aus früher dargelegten Gründen das Galvanometer *i* keinen Ausschlag mehr zeigen.

Wird dagegen d_1 um den Verdrehungswinkel in die in der Fig. 6 angegebene Lage auf seiner Führung *g* zurückgeführt, so wird *i* wieder einen Strom anzeigen.

Der Betrag, um den d_1 zurückgeschoben werden muß, bis das Galvanometer *i* wieder den der spannungslos rotierenden Welle entsprechenden Ausschlag zeigt, ist dann, nach Früherem, ein Maß für den momentanen Verdrehungswinkel der Welle.

Oben in Fig. 6 ist gezeigt, in welcher Form die Scheiben *b* und b_1 praktisch zur Ausführung gelangen[24]).

Ein Teil des verschiebbaren Außenkontaktes d_1 ist in Fig. 6 unten rechts zu sehen. Die Kontaktstücke c_1 und d_1 sind aus gehärtetem Stahl gefertigt. Die Art der Befestigung von c_1 an der Scheibe b_1 ist aus Fig. 6 deutlich zu ersehen und bedarf keiner weiteren Erklärung.

Die Kontaktvorrichtung selbst wird durch einen an *n* und n_1 befestigten Arm getragen.

Der Teil *g*, welcher den Kontakt d_1 vermittels einer Feder trägt, ist auf *n* n_1 geführt und an seinem oberen Rande mit einem Zahnkranz versehen. In diesen greift ein auf *n* n_1 gelagertes Zahnrad *z*, welches durch das Rad *r* bewegt werden kann; *r* und *z* bewirken die Verschiebung von *g* relativ zu *n* n_1. Die Größe dieser Verschiebung kann an einer geeigneten Skala, die mit *g* fest verbunden ist, abgelesen werden[25]).

---

[24]) Im Interesse der vielseitigen Anwendungsfähigkeit des Apparates ist diese Form des Rades nicht gerade gewählt.

Auf Seite 44 (Fig. 19) ist ein Rad gezeigt, welches einer solchen Vielseitigkeit Rechnung trägt.

[25]) Die Skala kann auch in Krafteinheiten eingeteilt werden, d. h. in PS pro Umdrehung. Jedoch ist dieses nicht ratsam, da die Teilung selbstverständlich nur für eine bestimmte Welle gelten kann, und für diese auch nicht permanent, wenn sich deren Materialeigenschaften mit der Zeit verändern (siehe Eichung der Wellen).

Die nötige Annäherung von *d* an *c* wird durch die Schraube *s* bewirkt. Durch den Hebel *h* kann d_1 zurückgelassen werden, so daß ein Kontakt und folglich eine gegenseitige unnötige Abnutzung von d_1 und c_1, während an dem Apparat keine Messungen vorgenommen werden, vermieden werden kann.

Um *g* in einer bestimmten Stellung festsetzen zu können, ist es mit einem Schlitz versehen und kann mittels der unterhalb *r* in Fig. 6 sichtbaren Schraube gegen n n_1 festgeklemmt werden.

In Fig. 6 ist diese Kontaktvorrichtung noch einmal in relativer Lage zu ihrer Scheibe gezeigt.

Statt des Galvanometers oder des Stromanzeigers *i* (Fig. 6) wird bei der praktischen Ausführung der Messungen ein Telephonhörer verwandt, der bei den Stromstößen, die mit dem Kontaktmachen erfolgen, ein entsprechendes Geräusch von sich gibt, und so als Stromdetektor dient[26]).

Es ist leicht einzusehen, daß die Vorrichtung, wie hier beschrieben, nur dazu dienen kann, die Größe des Verdrehungswinkels an einer Stelle der Umdrehung festzustellen, und zwar wird derjenige Winkel gemessen, der in demjenigen Augenblick vorhanden ist, in dem die Nocken *c* und c_1 die Außenkontakte passieren.

Wäre bei veränderlicher Verdrehung der Verlauf derselben unter sonst gleichen Umständen nicht für jede Umdrehung genau derselbe, d. h. hätte der Winkel zwischen den Nocken *c* und c_1 in den Momenten, in denen sie die Außenkontakte passieren, nicht genau denselben Wert bei jeder Umdrehung, so wäre die oben beschriebene Vorrichtung überhaupt nicht einzustellen, ein sehr sensibles Galvanometer *i* natürlich vorausgesetzt.

Ist das Galvanometer nicht sehr empfindlich, so ist leicht einzusehen, daß genannter Winkel zwischen zwei maximalen und minimalen Werten schwanken kann, für die der Verdrehungsmesser nur einen und denselben Wert anzeigen wird.

Aus diesen Bemerkungen geht hervor, daß dieser Apparat sich eigentlich nur da zur Verdrehungsmessung eignet, wo die Verdrehung

---

[26]) Eine ganz ähnliche Anordnung mit Schleifkontakten hat schon Jervis-Smith im Jahre 1894 bei Untersuchungen an Dynamomaschinen und verschiedenartigen Propellern, die mit verschiedener Tauchung zu arbeiten hatten, benutzt. (Siehe: A New Method of Measuring the Torsional Angle of a Rotating Shaft or Spiral Spring, Phil. Mag. February 1898, p. 183 ff.)

Jervis-Smith benutzte als Stromanzeiger bei seiner Anordnung ein Telephon. Sein beweglicher Kontakt war auf der Welle gelagert.

Denny hat 1907, ohne Kenntnis der Arbeiten von Jervis-Smith, eine ähnliche Kontaktvorrichtung angegeben. (Vergl. Denny, Torsion-Meters, Inst. Naval Architects, 21. May 1907.)

einen konstanten Wert zeigt; nur ist es schwer zu sagen, wo praktisch eine konstante Verdrehung einer Welle auftritt.

Wollte man diese Vorrichtung zur Messung stark variierender Verdrehung benutzen, so müßten wenigstens auf einer Scheibe in gleichen Abständen verschiedene Nocken *c* angebracht werden; die entsprechende Kontaktvorrichtung müßte dann so angeordnet werden, daß sie konzentrisch um die Welle herum bewegt werden könnte.

Die Nocken müßten dabei verschiedentlich hoch aus der Scheibe hervorragen, so daß die Kontaktvorrichtung so eingestellt wreden kann, daß stets nur ein bestimmter Nocken sie betätigen könnte, wodurch die Orientierung gewährleistet wäre[27]).

Zur Fernmessung ließe sich der Apparat etwa in der folgenden Weise ausbilden: Das Rad *r*, welches mittels *z* die an *g* befestigte Kontaktvorrichtung bewegt, wird durch ein Schneckenrad ersetzt. Dieses wird von der Schnecke auf der Welle eines kleinen Motors angetrieben. Der Motor kann aus der Ferne durch einen Taster oder Schalter in entsprechender Leitung in Bewegung gesetzt werden.

Während der Motor die Kontaktvorrichtung nach der einen oder nach der anderen Seite hin verschiebt, wird das Galvanometer beobachtet. Sobald dasselbe Strom anzeigt, ist die Kontaktvorrichtung um eben den Verdrehungswinkel verschoben worden[28]).

Die Größe der Verschiebung der Kontaktvorrichtung durch den Motor, und daraus der Verdrehungswinkel, läßt sich auf die folgende Weise bestimmen.

Neben der Kontaktvorrichtung wird ein veränderlicher Widerstand angebracht, auf dem eine Bürste schleift, die mit dem beweglichen Teil der ersteren fest verbunden ist.

Die Anordnung ist so getroffen, daß, je größer die Bewegung der Bürste ist, dieselbe entsprechend höheren Widerstand einschaltet.

Ist der Widerstand mit einem Ampèremeter in einem Stromkreis geschaltet, so wird dasselbe je nach der Lage der Kontaktvorrichtung einen größeren oder kleineren Strom anzeigen, je nachdem

---

[27]) Es lassen sich hier die verschiedensten Anordnungen treffen; da es sich hierbei doch stets um eine Variation oder Wiederholung des obigen Prinzips handelt, gehen wir hier nicht weiter auf diese Möglichkeiten ein.

Zu erwähnen ist, daß mit jeder neuen Stelle der Umdrehung, an der der Apparat die Verdehung feststellen soll, eine neue Nullstellung entsteht, so daß, im Falle die Anordnung so getroffen wird, daß z. B. an fünf Stellen der Umdrehung Messungen vorgenommen werden können, auch die Bestimmung fünf separater Nullstellungen nötig wird.

[28]) Es ist hier an eine Anordnung gedacht, ähnlich der, die man beispielsweise trifft, um den Gang einer Dampfturbine von der Schaltbühne einer elektrischen Zentrale aus beeinflussen zu können.

die Bürste an der Kontaktvorrichtung einen kleineren oder größeren Widerstand eingeschaltet hat. Es kann also aus der Anzeige des Ampèremeters rückwärts auf die Größe der erfolgten Verschiebung der Kontaktvorrichtung geschlossen werden[29]).

Praktisch kann die ganze Schaltung so erfolgen, daß nur ein Meßapparat und eine Stromquelle nötig ist; dieses sei nur beiläufig erwähnt.

Soll die Messung einer stark variierenden Verdrehung aus der Ferne erfolgen, d. h. wird es nötig, den Wert derselben an verschiedenen Stellen einer Umdrehung festzustellen, so kann dieses auch auf die oben angedeutete Weise geschehen, nur wird die Anordnung etwas komplizierter, indem eine Orientierung vorgesehen werden muß, die anzeigt, an welcher Stelle der Umdrehung die Verdrehung im entsprechenden Augenblick gemessen wird; praktisch stellen sich hier keine unüberwindlichen Schwierigkeiten in den Weg; es fragt sich nur, ob es zweckmäßig ist, eine Vorrichtung, die in bestimmten Fällen vollständig ausreicht, durch besondere Komplikationen anderen anpassen zu wollen, wenn es andere Verfahren gibt, die diesen Fällen auf viel einfachere Weise genügen können. Hier wurden die obigen Erörterungen nur eingeflochten, um zu zeigen, daß es prinzipiell möglich ist, alle Verfahren, die zur Verdrehungsmessung sich auf die Verschiebung eines Kontaktes oder dergl. um den jeweiligen Verdrehungswinkel stützen, sich auch zur Fernmessung ausbildungsfähig erweisen[30]).

Bezüglich der Festsetzung der Nullstellungen der Kontakte bei

---

[29]) Im Prinzip kommt es hier auf die Fernmessung einer beliebigen gegenseitigen Verschiebung zweier bestimmten Körper an.

Es gibt die verschiedensten Wege, eine solche Messung zu verwirklichen; man kann z. B. das Prinzip des Denny-Johnsonschen direkt anzeigenden Torsionsindikators (siehe Seite 48) oder das des elektrischen Tourenzählers im Abschnitt: Eichung der Wellen, usw. zu diesem Zwecke anwenden.

Ein verwandtes Problem ist das der fernanzeigenden Manometer, das von Schäffer & Budenberg beruht z. B. auf einer Widerstandsänderung, ähnlich wie bei der obigen Anordnung angedeutet ist.

[30]) Hier sei noch erwähnt, daß diese Methoden auch so auszubilden sind, daß sie die Verdrehung selbsttätig anzeigen, d. h. stets auf die momentane Verdrehung einspielen, so daß es sich nicht mehr, wie oben, um eine Fernmessung, sondern um eine direkte Fernanzeige der Verdrehung handelt.

Daß die Apparate bei einer solchen Ausbildung komplizierter werden, ist selbstverständlich; man kommt dabei auf ganz ähnliche Anordnungen, wie bei den selbsttätigen Spannungsreglern für Akkumulatorenbatterien, die in der Hauptsache aus einem Kontaktvoltmeter und einem von einem umsteuerbaren Motor betriebenen Zellenschalter bestehen.

der Fernmessung ist noch zu erwähnen, daß dieselben von Zeit zu Zeit an Ort und Stelle bestimmt werden müssen, jedoch kann diese Feststellung auf obigem Wege auch aus der Ferne erfolgen, falls man die Kraftabgabe und Belastung der Maschinen auch aus der Ferne beeinflussen kann.

Am allereinfachsten gestaltet sich natürlich die ganze Anordnung, sobald es nur nötig wird, gewisse Über- oder Unterschreitungen bestimmter Belastungs- oder Kraftabgabegrenzen der Maschinen aus der Ferne kontrollieren zu können.

Wir kommen jetzt zur Besprechung der etwaigen Fehlerquellen bei dem im Vorhergehenden beschriebenen Verdrehungsmesser.

Wie wir schon früher andeuteten, wird die absolute Genauigkeit, mit der ein bestimmter Verdrehungswinkel festgestellt werden kann, in der Hauptsache von der Empfindlichkeit des benutzten Stromdetektors abhängen.

Dabei ist leicht zu sehen, daß die Verwendung eines sehr empfindlichen Telephonhörers noch keine absolute Genauigkeit der Messungen gewährleistet, da die erfolgreiche Benutzung eines solchen entschieden von der individuellen Hörschärfe des Beobachters unter den während der Messung obwaltenden Umständen abhängen wird, und es ist vielleicht unnötig, hier hinzuzufügen, daß dieselbe durch das in einem Maschinenraum herrschende Getöse nicht sonderlich günstig beeinflußt werden wird. Zudem ist der Beobachter in einer solchen Atmosphäre leicht Täuschungen preisgegeben.

Es wird daher in geeigneten Fällen ratsam sein, statt des Hörers ein empfindliches direkt anzeigendes Instrument zu benutzen, wodurch die Hörschärfe eines Beobachters durch sein Gesichtsvermögen ersetzt sein würde, was in diesem Falle geeigneter erscheint. Dieses gilt auch für die später besprochenen Verfahren, bei denen ein Telephonhörer zur Anwendung gelangt, abgesehen von denen, die die Verdrehung von einem Orte aus bestimmen, an dem der Beobachter, unbeeinflußt von dem Getriebe und Geräusch eines Maschinenhauses, seine Messungen mit aller Ruhe ausführen kann.

Änderungen in der Stromstärke oder Änderungen in der äußeren Gestalt der Kontakte werden im allgemeinen keinen Einfluß auf die Genauigkeit der Messungen haben, wenn vor den Messungen die Nullstellung stets ermittelt wird, da es sich in solchen um eine Ausgleichsmessung handelt, d. h. es wird angenommen, daß bei den verschiedenen Einstellungen dieselben Verhältnisse bezüglich der gegenseitigen Kontaktlage, Stromunterbrechung usw. herrschen.

Als ein springender Punkt der ganzen Anordnung ist der zu bezeichnen, daß bei derselben der Kontakt zwischen zwei massiven Stahlstücken erfolgt, von denen das eine, besonders wenn die Messungen an Turbinen vorgenommen werden, sich mit ganz beträchtlicher Geschwindigkeit an dem anderen vorbei bewegt, und besonders, daß der Strom zwischen diesen aneinander vorbeireibenden Teilen übergeht, Umstände, die eine stetig tadellose und gute Funktion und auch die Lebensdauer der Einrichtung bedenklich in Frage stellen.

Wenn auch durch entsprechend geringe Annäherung der Kontaktstücke durch die Schraube *s* und ein Auseinanderziehen derselben durch den Hebel *h* in Fig. 57, wenn der Apparat außer Gebrauch ist, der Wirkung dieser schädlichen Einflüsse gesteuert werden kann, so ist ihr Vorhandensein doch nicht aus dem Auge zu lassen.

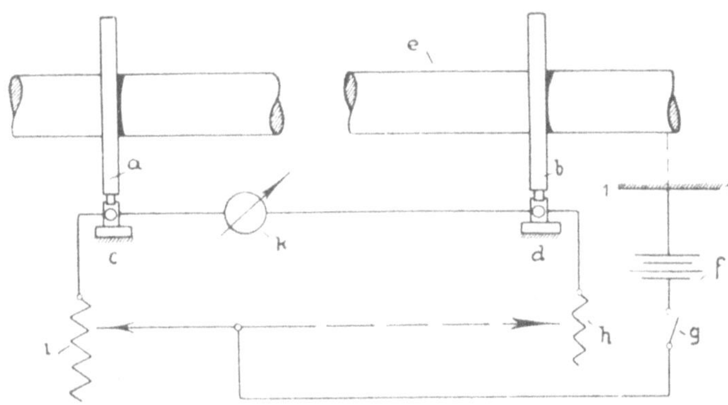

Fig. 7

Im Folgenden soll nun eine Anordnung in Vorschlag gebracht werden, die sich zur Aufgabe stellt, möglichst unter Vermeidung der der oben beschriebenen Vorrichtung anhaftenden Fehlerquellen die Verdrehungsmessung in solchen Fällen zu ermöglichen, in denen die Verdrehung einen möglichst konstanten Wert zeigt; dabei soll die Anordnung leicht anzubringen, einfach in der Handhabung und bei hoher Meßempfindlichkeit gegen unvorsichtige Behandlung möglichst unempfindlich, aber dabei billig sein.

Fig. 7 zeigt die gesamte Anordnung. Die Welle *e* trägt zwei auf ihr in der nötigen Entfernung angebrachte Scheiben *a* und *b*, zwei später näher zu bescheibende Kontaktvorrichtungen *c* und *d* sind diesen Scheiben gegenüber aufgestellt. Die Scheiben *a* und *b* tragen je ein Federstahlplättchen zur Betätigung der Kontaktvorrichtungen *c* und *d*. Die letzteren bilden mit einem Stromdetektor *k*, Regulierwiderständen *i* und *h*, einem Schalter oder Taster *g*, Element *f*, der Erdung 1—1 und einem Teil der Welle eine Wheatstonesche Brückenschaltung.

Die Anordnung ist durch die Verwendung dieser Brückenschaltung, der Eigenart des Stromdetektors *k* und der Kontrollvorrichtungen besonders gekennzeichnet.

In Fig. 8 ist der Stromverlauf leicht zu verfolgen.

Befinden sich die Stahlplättchen der Scheiben *a* und *b* nicht in einer Ebene, oder allgemeiner gesagt: werden *c* und *d* nicht gleichzeitig durch erstere betätigt, so wird bei jeder Umdrehung der Welle einmal *c* und einmal *d* betätigt; dieses hat zur Folge, daß ein Stromstoß einmal, von der Stromquelle *f* ausgehend, üuer Taster *g*, Erdung 1—1, Welle, Scheibe *a*, Kontaktvorrichtung *c*, einerseits über Regu-

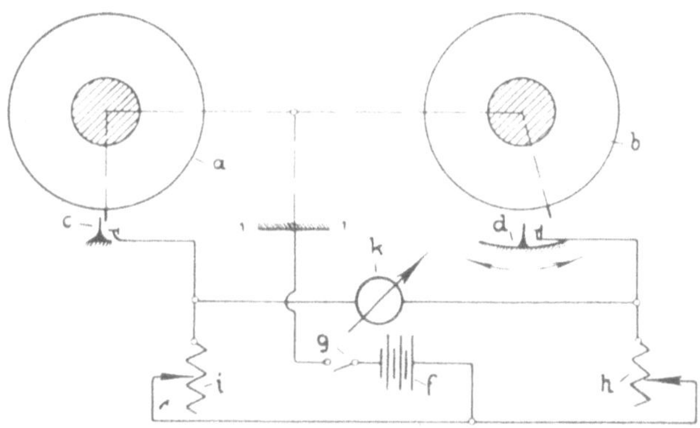

Fig. 8.

lierwiderstand *i* nach *f*, andererseits über Stromdetektor *k* und Widerstand *h* nach *f* zurückgelangt, das andere Mal über 1—1, Welle, Scheibe *b* usw. in entsprechender Weise nach *f* zurückfließt.

Infolge hiervon wird *k* alternierend einen Strom anzeigen.

Rotiert die Welle spannungslos, so können *c* und *d* so eingestellt werden, daß in beiden die Kontakte gleichzeitig erfolgen; werden hiernach die Widerstände *h* und *i* entsprechend einreguliert, so kann erreicht werden, daß *k* keinen Strom mehr anzeigt.

Dieser Zustand entspricht der Nullstellung des Apparates.

Tritt hiernach eine Verdrehung in der Welle auf, so werden die Kontakte in *c* und *d* nicht mehr zur gleichen Zeit erfolgen und *k* wird wieder einen Strom anzeigen.

Wird hierauf einer der Kontakte, beispielsweise *d*, um den momentan vorhandenen Verdrehungswinkel der Welle in geeigneter Richtung verschoben, so wird *k* keinen Strom mehr anzeigen, d. h.

um den jeweiligen Verdrehungswinkel festzustellen[31]), muß *d* so weit in irgendeiner Richtung verschoben werden, bis *k* keinen Strom anzeigt. Die Größe der nötigen Verschiebung, um diesen Zustand zu erreichen, ist dann die Größe des verlangten Verdrehungswinkels.

Fig. 9 zeigt die Kontaktvorrichtung im Prinzip. Oben ist die unter Strom stehende Scheibe *a* oder *b* mit ihrem Federstahlplättchen *n* angedeutet; ein Federstück *l*, etwas länger als *n*, ist in Isoliermasse gebettet; diese bildet den unteren Teil von *c* oder *d*.

Ein Metallpfosten *m* ist *l* gegenüber in derselben Masse befestigt; *m* trägt eine Kontaktschraube, die möglichst nahe dem oberen Ende von *l* mit letzterem in Berührung gebracht werden kann. Am unteren Ende von *m* wird der nach *i* und *k* resp. *h* und *k* führende Draht angeschlossen.

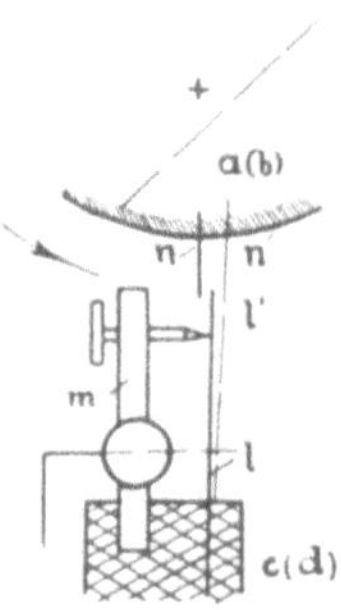

Fig. 9

Rotiert die Scheibe *a* oder *b* in der durch den Pfeil angegebenen Richtung, so wird in dem Augenblick, wo *n* auf *l* stößt, durch *l* eine Brücke zwischen *m* und *n* geschaffen, so daß ein Strom von der Welle nach *m* übergehen kann.

Derselbe wird aber schon im nächsten Moment unterbrochen, da *n* und *l* in die Stellungen *n'* und *l'* übergehen, und damit *l* außer Kontakt mit *m* gebracht wird. *n'* und *l'* trennen sich also, ohne daß sie unter Strom stehen.

Bei der praktischen Ausführung würde *n* sehr kurz zu halten sein, und so gegen *l* einzustellen sein, daß nur eine ganz geringe Bewegung der Scheibe nötig ist, um sie außer Berührung zu bringen; hierbei ist zu beachten, daß *n* und *l* infolge ihrer Elastizität in einem bestimmten Grade sich gegenseitig ausweichen.

So kann auch erreicht werden, daß *l* sich nur um einen Bruchteil eines Millimeters von der Kontaktschraube auf *m* fortbewegt.

---

[31]) Man sieht leicht, daß diese Richtung durch die der Kraftübertragung, sowie von dem Sinn der Wellenrotation bedingt wird.

Wird die Kontaktvorrichtung nach diesen Gesichtspunkten ausgebildet, so werden Schwingungen usw. von *n* und *l* nicht zu befürchten sein[32]).

Fig. 10 zeigt den Stromdetektor *k*.

Permanente Magnete erzeugen ein Feld, in dem Metallfäden p_1 und p_2 über Kreuz fest eingespannt sind. In den Magneten ist eine Öffnung ausgespart, die eine Scheibe *s* trägt, die mit zwei senkrechten Strichen versehen ist. Die Fäden *t* und *u* können so eingestellt werden, daß ihr Kreuzpunkt *q* mit dem Schnittpunkt der Linien auf *s* übereinstimmt.

Fließt ein Strom durch *t*, *u*, so werden sie gekrümmt und wirken auch aufeinander ein; ihr Kreuzpunkt rückt damit beispielsweise nach *r*, der Detektor zeigt somit einen Strom an.

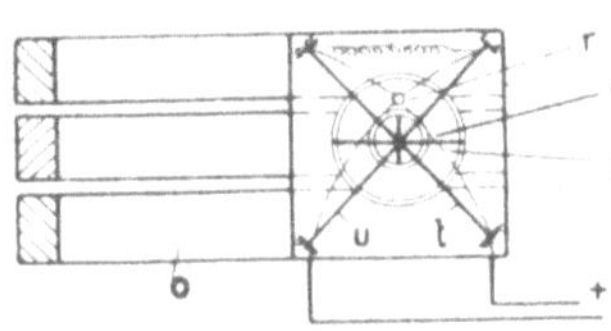

Fig. 10

Es ist wohl unnötig, noch hinzuzufügen, daß diese Vorrichtung vermöge ihrer Anordnung gegen äußere Einflüsse ziemlich unempfindlich ist, dagegen Ströme sofort und sicher anzeigen wird.

Werden die Metallfäden *t* und *u* genügend fest eingespannt, so werden auch Schwingungen von außen auf die Lage derselben keinen Einfluß ausüben können, da etwaige Schwingungen von *t* und *u* magnetisch stark gedämpft würden; zudem haben *t* und *u* eine sehr geringe Trägheit[33]).

---

[32]) Eine Kontaktvorrichtung nach diesem Prinzip ist von Adams, Trans. Am. Inst. El. Engineers, 1899, angegeben worden (vergl. Niethammer a. a. O. S. 242) und mit Erfolg bei der Aufnahme von Wechselstromkurven verwandt worden.

Hier sei noch bemerkt, daß, im Falle die obige Kontaktvorrichtung bei sehr hohen Tourenzahlen nicht mehr ausreicht, was nicht wahrscheinlich ist, so kann sie durch eine Kontaktvorrichtung ersetzt werden, bei der ein feiner Quecksilberstrahl durch einen leichten Metallfaden oder durch ein Metallstäbchen geschnitten wird, so daß im Moment des Schneidens Kontakt gemacht wird. Der Strahl kann mittels einer kleinen Kreiselpumpe erzeugt werden, die in eine kleine Ringleitung eingeschaltet ist, und so dasselbe Quecksilber im Kreisen erhalten wird, ähnlich, wie das bei den kleinen aus der Physik bekannten Quecksilberstrahlenunterbrechern der Fall ist.

[33]) Im Prinzip gleicht dieser Apparat dem Saitengalvanometer des französischen Telegrapheningenieurs Ader, welches dieser schon 1897 angab.

Ein Stromdetektor nach Fig. 10 wird unter sonst gleichen Umständen auch genauere Einstellung ermöglichen, als ein Telephonhörer, weil bei ihm von einer Selbstinduktion kaum die Rede sein kann, während man das von letzterem nicht sagen kann. (Spülchen mit Eisenkernen und Stahlmembrane.)

Bezüglich der Fernmessung mit diesem Apparat möge das im vorhergehenden Gesagte gelten (S. 23).

Wie früher schon beiläufig bemerkt wurde (S. 25), haben Schwankungen in der Stromstärke auf diese Art von Apparaten im allgemeinen keinen Einfluß. Sie haben aber mit den meisten anderen Apparaten eine Fehlerquelle gemein. Ändert nämlich einer der Außenkontakte, nachdem die Nullstellung festgestezt wurde, bei der Kraftübertragung seine Lage, so werden die resultierenden Messungen im Einklang mit dieser Verschiebung gefälscht sein.

Bezüglich der Veränderlichkeit der Nullstellung usw. findet hier das im Abschnitt über die optischen Verfahren Gesagte sinngemäß Anwendung. (Siehe auch Seite 14.)

Hier muß noch darauf aufmerksam gemacht werden, daß bei allen Methoden, die von der Verschiebung eines Kontaktes, welcher Art derselbe auch sein möge (elektrisch oder magnetisch [diese siehe später, S. 31] oder dergl.), konzentrisch zur Welle dadurch Fehler entstehen können, daß die Bewegung nicht genau konzentrisch zum Wellenmittelpunkt, sondern exzentrisch erfolgt. In solchen Fällen würde der Verdrehungsbogen statt auf einem Kreise, dessen Mittelpunkt auf der Wellenachse läge, auf einem solchen gemessen, dessen Mittelpunkt von dieser eine bestimmte Entfernung hat (gleich der Exzentrizität), was natürlich Fehler mit sich bringen würde. Es ist daher besonders auf die genaue konzentrische Anbringung der entsprechenden Teile zur Welle zu achten.

Man sieht hier den Wert der Aufhängung des Kontaktarmes auf der Welle selbst, wie das bei Jervis-Smith's Anordnung auf einer Seite der Fall ist. Jervis-Smith erwähnt diesen Umstand jedoch nicht in seinen Arbeiten (siehe Fußnote 26).

(Siehe z. B. E. T. Z. 1897, S. 561; La Nature 1897 II, P. 115; L'éclairage électrique, 7. août 1897, P. 295).

Die moderne jetzige Ausführung der Saitengalvanometer rührt von Einthoven und Edelmann (München, Physik.-Mech. Inst.) her.

Dieselben bestehen aus einem leitenden in einem magnetischen Felde verspannten Faden, der sich bei Stromdurchgang ausbiegt. (Vergl. Abschnitt optische Verfahren.)

Das gleiche Prinzip liegt dem Ewingschen Kurvenzeichner zugrunde. (Vergl. E. T. Z. 1893, S. 451, oder Armagat, Instruments et Méthods de Mesures électriques.)

Ein Nachteil der Berührungskontaktverfahren wird jedenfalls in gewissem Grade stets der sein, daß zwei Teile aneinander reiben und so mit der Zeit dem Verschleiß ausgesetzt sind, um so mehr, je größer die Umfangsgeschwindigkeit der Wellen ist, bei denen sie angewandt werden, und je vorteilhafter die Ausbildung der Kontakte selbst nach diesem Gesichtspunkt hin ist.

Um diesem Verschleiß aus dem Wege zu gehen, hat man daher versucht, die Berührungs- oder direkten Kontaktvorrichtungen, wie sie oben zur Anwendung gelangten, durch sogenannte magnetische oder indirekte Kontaktvorrichtungen, bei denen der direkte Kontakt durch eine magnetische Induktion ersetzt wird, zu ersetzen[34]).

Diese Kategorie von Apparaten hat im besonderen meist noch den Vorteil, daß sie den zu ihrer Betätigung nötigen Strom selbst liefern, oder besser gesagt, selbst induzieren, daß also bei ihnen die Beschaffung einer besonderen Stromquelle nicht nötig ist.

Doch der größte Vorteil dieser Kategorie von Apparaten ist wohl der, daß es bei denselben keine aneinanderreibenden oder während der Bewegung aufeinanderstoßende Teile gibt, so daß ein Verschleiß vollständig ausgeschlossen ist.

Es ist auch ohne weiteres klar, daß ein Apparat dieser Art, einmal eingestellt, — vorausgesetzt, daß keine gegenseitige Verschiebung einzelner Teile eintreten kann, und daß das Wellenmaterial sich nicht ändert —, eine permanente Nullstellung haben wird.

Wir nehmen hiermit die Besprechung dieser Klasse von Apparaten auf.

Der Torsionsmesser von Denny und Johnson[35]).

Figur 11 zeigt schematisch die Gesamtanordnung dieses Apparates.

---

[34]) Ähnlich, wie bei der Aufnahme von Wechselstromkurven die Reibungskontakte (Joubertscheibe usw.) durch magnetische Kontaktmacher ersetzt werden.

Hier muß darauf aufmerksam gemacht werden, daß, während bei der Kurvenaufnahme der Verschleiß weniger in Betracht kommt, die Veränderlichkeit der Übergangswiderstände und die Unsicherheit betreffs der genauen Stelle, an der der Kontakt erfolgt usw., bei derselben von besonderer Bedeutung sind. (Vergl. Niethammer und Orlich a. a. O.) Dieses letztere kann im allgemeinen für die Verdrehungsmessung nicht gesagt werden, es erfolgt vielmehr, wie an anderer Stelle erwähnt, bei derselben ein Ausgleich der hierdurch bedingten Ungenauigkeiten, sobald den entsprechenden Messungen die Bestimmung der Nullstellung vorausgeht.

[35]) Englisches Patent No. 13690/03. Neuere Torsionsmesser, Z. d. V. d. I. 1908, S. 679. (Vergl. Föttinger hierzu, S. 937.) Journal of the American

Zwei Scheiben *A* und *B* tragen je einen permanenten zugespitzten Magneten.

Ihnen gegenüber werden eine kleine Drahtspule S_a mit Eisenkern und eine ebensolche S_b aufgestellt, so daß bei der Rotation der Welle die permanenten Magnete eben, ohne ihre Spule zu berühren, an derselben vorbeigehen können. Die Eisenkerne der Spulen sind zugschärft, um möglichst alle von ihrem Magnet ausgehenden Kraftlinien bei dessen Vorbeigang in sich aufnehmen zu können.

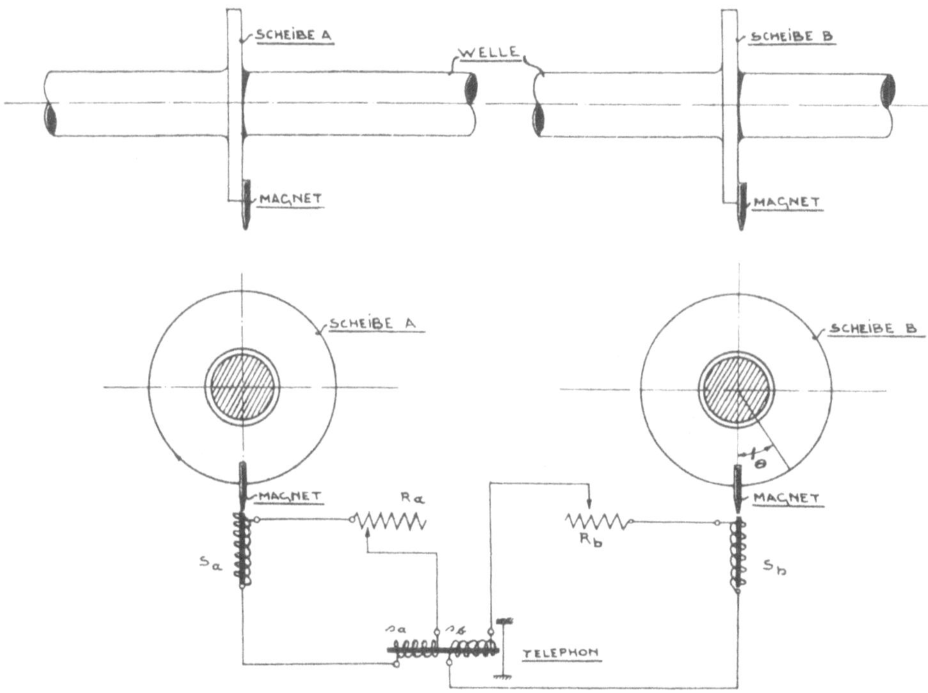

Fig. 11

Bei jedem Vorbeigang des Magneten induziert derselbe in seiner Spule einen Strom, und zwar einen Wechselstrom; da beim Ankommen des Magneten immer mehr Kraftlinien desselben die Spule schneiden, während, wenn derselbe sich von der Spule ent-

Society of Naval Engineers, May 07. Inst. Naval Architects, 21. May 1907. Engineering, 1905, April 7 th., P. 440. Revue de Mécanique, Tome XXVI, No. 2, 28. Février 10, P. 148 f.

Die Apparate von Denny und Johnson werden von der Firma Kelvin & James White Ltd., Glasgow, ausgeführt, die die Alleinfabrikanten der Navigations- und elektrischen Apparate von Lord Kelvin (Sir Wm. Thomson) sind.

fernt, die Kraftlinienzahl, die die Spule schneidet, immer mehr und mehr abnimmt, also erst ein Strom in der einen und dann einer in der anderen Richtung iduziert wird. Wegen der Symmetrie in den Stellungen bei Annäherung und der Entfernung sind die Ströme im Verlauf gleich in Form, im Zeichen aber entgegengesetzt; Voraussetzung ist hierbei natürlich, daß die Annäherung und Entfernung des Magneten von seiner Spule mit genau gleichen Einzelgeschwindigkeiten vor sich geht[36]).

Jede der Spulen S_a und S_b liegt in einem besonderen Stromkreis, in dem eine Drahtspule s_a bezw. s_b und ein Regulierwiderstand R_a bezw. R_b eingeschaltet ist.

Die Spulen S_a und S_b sind so auf dem Eisenkern eines Telephonhörers gewickelt, daß sie sich in ihren Wirkungen aufheben, d. h. sie sind einander entgegengesetzt aufgewickelt.

Auch die Spulen S_a und S_b sind so angeordnet, daß sie zu gleichen Zeiten von gleichen, aber im Zeichen entgegengesetzten Strömen durchflossen werden.

Es ist jetzt leicht verständlich, daß durch zweckmäßige Einregulierung der Widerstände R_a und R_b ein Zustand erreicht werden kann, bei dem die Spulen s_a und s_b sich in ihren Wirkungen genau ausgleichen, in welchem Falle die Telephonmembrane keinen Laut von sich geben wird.

Dieser Zustand entspricht der Nullstellung des Apparats. Tritt eine Verdrehung der Welle um den Winkel Θ ein, so fallen die Ströme in s_a und s_b gewissermaßen außer Tritt und im Telephon ist ein deutliches Knacken zu hören, weil die Stromerreger (Magnete) einander jetzt um den Winkel Θ vor- bezw. nacheilen.

Wird hierauf eine der Spulen, z. B. S_b, so lange verschoben, bis im Telephon kein Geräusch mehr wahrzunehmen ist, so wird dieselbe um den Winkel Θ konzentrisch zur Welle gedreht worden

---

[36]) Werden die Induktionen I und K in Webers (10^8 absolute Einheiten der Induktion) gemessen, und bezeichnet man mit i und c die induzierten Ströme, mit N und n die Windungszahlen der Spulen, mit L und S die Selbstinduktionen und R und W die Widerstände der Stromkreise und mit M den gegenseitigen Induktionskoeffizienten der Telephonspulen, so schreiben sich die Gleichungen für die beiden Stromkreise allgemein:

$$N \frac{dI}{dt} + \frac{d}{dt}(Mc) = \frac{d}{dt}(Li) + Ri$$

und

$$n \frac{dk}{dt} + \frac{d}{dt}(Mi) = \frac{d}{dt}(Sc) + Wc$$

worin $\frac{dI}{dt}$ und $\frac{dk}{dt}$ von der Stärke (magnetisches Moment) der permanenten Magnete und der Umfangsgeschwindigkeit der Welle abhängen.

sein, woraus sich ergibt, daß bei diesem Apparat die Meßmanipulation zur Bestimmung des Verdrehungswinkels genau so vor sich geht, wie bei den vorher beschriebenen Verfahren mit Berührungskontakten (S. 18).

Fig. 12 gibt die Anordnung im Bilde wieder.

Bei *A* ist eine der Induktionsspulen mit ihrer Grundplatte und ihren Stellschrauben zu sehen.

B zeigt die bewegliche Spule. Dieselbe kann mittels der Schnecke auf der Achse des Handmeßrades auf der aus der Figur ersichtlichen Bogenschiene konzentrisch zur Welle bewegt werden. Die Skalen der Zähl- oder Meßvorrichtung können in Grad- oder Bogeneinheiten, eventl. auch in Krafteinheiten geteilt sein; letztere Teilung ist jedoch nicht zu empfehlen. (Vergl. Abschnitt Eichung der Wellen.)

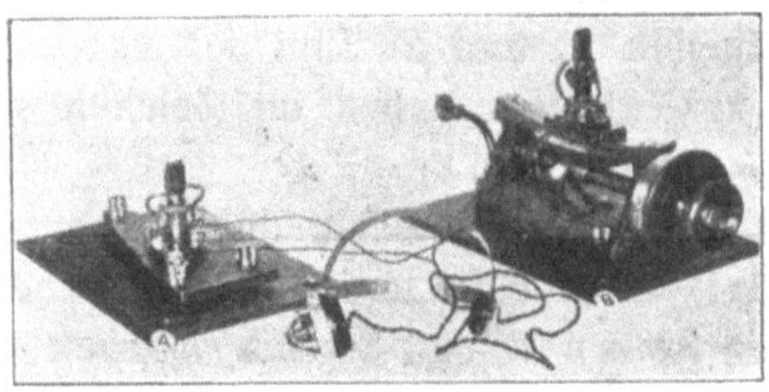

Fig. 12

Der Telephonhörer ist in Fig. 12 in der Mitte zwischen *A* und *B* zu sehen; er ist, um möglichst Bewegungsfreiheit des Beobachters zu gestatten, mit einem leichten Kopfbügel und mit kleinem Ohrkissen versehen[37]).

Zur Fernmessung ließe sich dieser Apparat analog dem auf Seite 20 beschriebenen ausbilden.

Man ersieht jedoch leicht, daß es nur zu unnötigen Komplikationen führen würde, wenn man bei dem in Fig. 12 dargestellten Apparat die Meßradspindel des Teiles *B* mittels umsteuerbaren Motors antreiben, und so die Verschiebung der entsprechenden Spule aus der Ferne erreichen wollte usw.

Es wäre vielmehr einfacher, den Teil *B* durch einen zweiten Teil *A* zu ersetzen (d. h. daß die Anordnung aus zwei festen Induktionsspulen bestehen würde), und dann die durch die Wellenverdrehung bedingte Phasenverschiebung der beiden separaten in den

[37]) Ähnlich den beim Abhören von Depeschen und in Telephonzentralen gebräuchlichen Kopfbügeln, nur daß diese mit zwei separaten Hörern versehen sind.

festen Spulen *A* induzierten Ströme zu messen, und hieraus auf die Verdrehung zurückzuschließen. Denn man sieht leicht, daß es gar nicht nötig ist, die Induktionsspulen auf Phasen- und Amplitudengleichheit der in ihnen durch die permanenten Magnete iduzierten Ströme einzustellen, wie das bei dem Apparat der Fig. 12 geschah.

Man kann vielmehr so verfahren: In Fig. 11 sei alles so eingerichtet, daß, wenn man statt des Telephons bei spannungslos rotierender Welle eine Vorrichtung einschaltete, die entweder die in den beiden einzelnen Stromkreisen induzierten Ströme oder Spannungen ihrem zeitlichen Verlauf nach übereinander aufzeichnete, oder deren Phasenverschiebung direkt angäbe, d. h. anzeigte, wieviel der eine dem anderen vor- oder nacheilte, und ebenso für die Spannungen, diese Vorrichtung anzeigte, daß beide Ströme oder Spannungen genau „im Tritt" wären, so würde dieselbe, sobald die Welle eine Verdrehung erfahren würde, sofort eine Phasenverschiebung anzeigen, d. h. anzeigen, um wieviel die entsprechenden Ströme oder Spannungen „außer Tritt" wären, woraus dann ohne weiteres der Wert der Verdrehung, die diese Phasenverschiebung der Ströme bedingt hätte, folgen würde.

Auf diese Weise ließe sich die Fernmessung leicht erreichen und zudem mit den Verhältnissen entsprechenden ziemlich einfachen Mitteln.

Natürlich könnte die Anordnung auch so getroffen werden, daß man in den beiden Stromkreisen der Fig. 11 Mittel vorsähe, deren Selbstinduktion und Kapazität beliebig um meßbare Größen verändern zu können. Würde man dann bei einer bestimmten Verdrehung die Werte der zuletzt genannten Größen solange variieren, bis beispielsweise bei Verwendung eines Telephons dasselbe keinen Laut mehr von sich gäbe, oder bei Benutzung eines Phasenanzeigers dieser keine Phasenverschiebung mehr anzeigte, so könnte man aus der Größe der vorgenannten Änderungen in der Größe der Selbstinduktion und Kapazität auf den Wert der vorhandenen Verdrehung der Welle zurückschließen[38]).

Ein Apparat, bei dem der zuerst angedeutete Gedanke praktisch verwirklich wird, soll im folgenden kurz beschrieben werden.

---

[38]) Ein Verfahren zur Verdrehungsmessung, welches hiervon Gebrauch macht, gibt es zurzeit nicht.

Der Verdrehungsmesser und Torsionsindikator von Webb[39]).

Wie aus der Fig. 13 ersichtlich, ordnet Webb, um eine möglichst große Verdrehung zu erhalten, und doch seinem Apparat eine gedrängte Bauart zu geben, in der Hauptwelle 10 eine Nebenwelle 12 an.

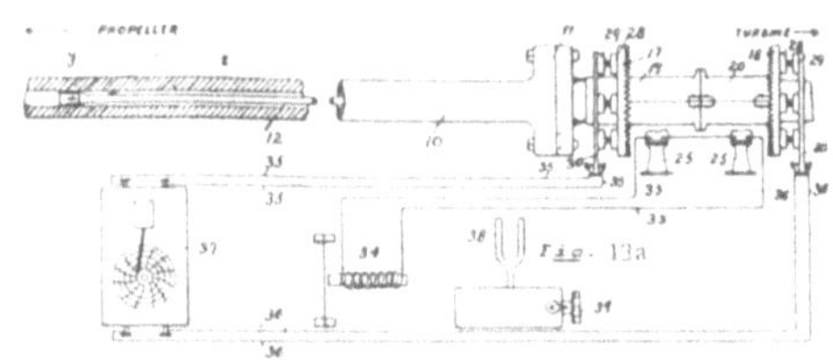

Fig. 13 u. 13a

Dieselbe ist bei y befestigt, ist mit einem Kugellager 13 und einem Stück 14, 15, versehen. Der Flansch 11 (Fig. 13) ist mit Bohrungen 16 (Fig. 14 versehen, die eine Verbindung von 12 und 14, 15

---

[39]) Amerikanisches Patent No. 888371, May 19. 1908.

Föttinger schreibt in der a. a. O. genannten Arbeit in Forschungsarbeiten S. 62 f.) diese Methode Denton zu und erwähnt in einer Fußnote: seine Kenntnis derselben verdanke er privaten Mitteilungen seitens Prof. Schröter, München.

Soweit der Name Denton in Betracht kommt, ist Föttinger hier im Irrtum.

Prof. J. Burkitt Webb vom Stevens Institute of Technology ist der Erfinder des später beschriebenen Apparates; die oben angegebene Patentschrift lautet auf seinen Namen.

Webb hat den Apparat zuerst für seinen Kollegen Prof. James E. Denton M. E., D. E. am selben Institut zum Gebrauch bei dessen Untersuchungen der Curtis-Turbinen-Dampf-Jacht „Revolution" entworfen. Hieraus mag sich die Verwechselung der Namen, die Föttinger unterlaufen ist, erklären.

Hier mag noch erwähnt werden, daß Denton nur den einfachen Apparat, Teile 17, 18, 24, 25, Fig. 13 bis 15, bei seiner Untersuchung der Dampfjacht mit Erfolg benutzte, und zwar waren die Zahnräder 17, 18 allein auf der Welle in einer Entfernung von rund 3 m festgeklemmt.

Der zweite Teil der Anordnung (28, 29, 30, Fig. 13 bis 15), der in der Hauptsache die Messung einer wechselnden Verdrehung, sowie deren Fernmessung und Registrierung ermöglicht, konnte Föttinger noch nicht bekannt sein und findet daher auch keine Erwähnung in der genannten Arbeit.

Die erwähnte Arbeit Föttingers ist 1905 im Druck erschienen. Die Webbsche Erfindung ist am 27. März 1907 zur Anmeldung gelangt und am 19. Mai 1908 patentiert worden.

Abgesehen von der Webbschen Patentschrift ist die in der vorliegenden Arbeit erfolgte Veröffentlichung die erste derselben.

mit einer Hülse 19 mittelst der Verbindungsstifte 21 gestatten. Die Hülse 19 trägt ein gezahntes Rad 17, welches auf seiner Rückseite mit Spulen 28 versehene Eisenkerne trägt. Auf der Welle bei *x* festgeklemmt ist eine entsprechende Hülse 20 mit Zahnrad 18 und Spulen 28. Den Rädern 17 und 18 gegenüber sind, auf Ständern 25 gelagert (Fig. 13—15), achsial verstellbare mit Telephonspulen 24 umgebene permanente Magnete angeordnet.

Rotiert die Welle, so ist klar, daß, weil vor den bespulten Magneten 24 abwechselnd eiserne Zahnspitzen und Zahnlücken vorbeigehen, der magnetische Kraftfluß derselben periodischen Änderungen unterlegen ist, und daher in den dieselben umgebenden Spulen Wechselströme induziert werden.

Letztere werden mittels Leitungen 33 zu einem Telephonhörer 34 geleitet.

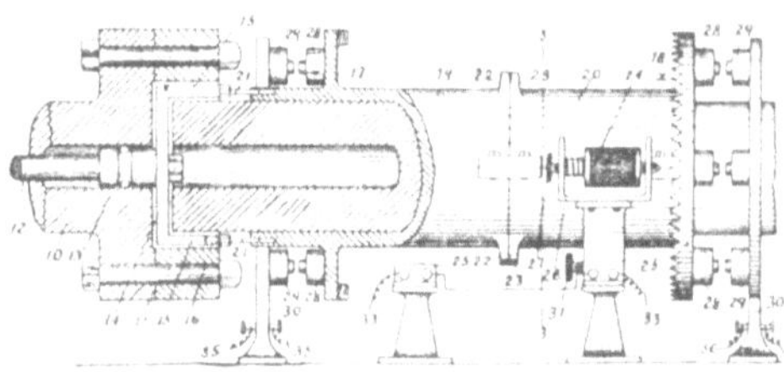

Fig. 14

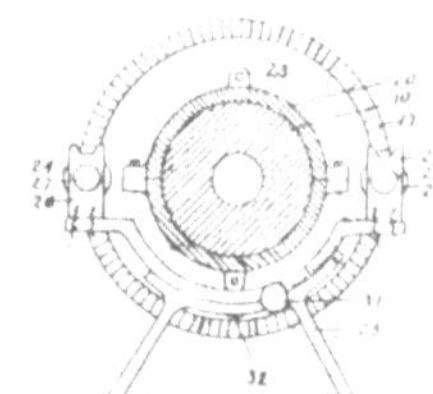

Fig. 15

Die Schaltung ist so getroffen, daß bei spannungslos rotierender Welle nach entsprechenden Einstellungen der Magnete 24 im Telephonhörer kein Laut zu vernehmen ist.

Tritt eine Verdrehung der Welle ein, so erfahren die Räder 17 und 18 durch ihre Hülsen 19 und 20 eine gegenseitige Verschiebung. Dieses hat zur Folge, daß zu gleichen Zeiten vor den Magneten nicht mehr genau gleiche Eisenformen stehen, und daher die in deren Spulen induzierten Ströme nicht mehr sich in ihrer gegenseitigen Wirkung auf die Telephonmembrane aufheben, und daher im Hörer ein Laut zu vernehmen ist.

Werden die Magnete 24 konzentrisch zur Welle um den momentanen Verdrehungswinkel bewegt, so wird im Hörer wieder Stille herrschen; soweit ist die Handhabung des Apparates von Webb genau dieselbe wie die des im vorhergehenden beschriebenen von Denny und Johnson. (S. 31.)

Um die Verdrehung der Welle fortlaufend registrieren zu können und um Fernmessungen zu ermöglichen, wird folgender Weg eingeschlagen:

Den Spulen 28 mit ihren von den Rädern 17 und 18 auf Hülsen 19 und 20 getragenen Eisenkernen gegenüber sind ebensolche (29) auf einem Rahmen oder Ring 30 angeordnet. Die Rahmen 30 sind wie die Ständer 25 im Raume außerhalb der Welle fest gelagert.

Rotiert die Welle, so gehen die Spulen 28 an den Magneten 24 vorbei und werden von deren Kraftlinien geschnitten, wodurch in ersteren Wechselströme induziert werden. Diese erregen wieder die festen Spulen 29; die in den Spulen 29 induzierten Ströme werden durch Leitungen 35 und 36 einer Registriervorrichtung 37 zugeführt. Diese zeichnet entweder Spannungen, Ströme oder direkt Phasenverschiebungen auf.

Rotiert die Welle ohne Belastung, so werden die Spulen 29 mit ihren Trägern 30 so eingestellt, daß die Ströme in 37 übereinstimmen.

Wird die Welle tordiert, so erfahren die Spulen eine entsprechende Gegenverschiebung und die korrespondierenden Änderungen in den Strömen werden in 37 zur Schau gebracht, woraus sich dann rückwärts leicht die Verdrehung bestimmen läßt.

Im einzelnen muß hier auf die a. a. O. angegebene Patentschrift Webbs verwiesen werden.

Eine andere Induktionsmethode zur Verdrehungsmessung.

Goldschmidt[40]) hat zur Aufnahme von Wechselstromkurven
Orlich a. a. O.
ein magnetisches Kontaktverfahren angegeben, dessen praktische Lebensfähigkeit durch ausgeführte Apparate erwiesen wurde[41]).

Durch eine doppelte Anwendung seiner Idee läßt sich eine Anordnung treffen, mit der die Verdrehung einer Welle fortlaufend aufgenommen werden kann; diese Anordnung soll hier kurz beschrieben werden.

In Fig. 16 möge eine Welle *K* Scheiben *A* und *B* tragen. Wie in Fig. 16 angedeutet, mögen die Scheiben *A* und *B* an gleichmäßig auf ihrem Umfang verteilten Stellen mit Eisenlamellen versehen sein.

[40]) Goldschmidt, E. T. Z. 1902, S. 496. Vergl. auch Niethammer und

[41]) Wir haben schon an anderer Stelle auf die Möglichkeit hingewiesen, Methoden, die eigentlich zur Aufnahme von Wechselstromkurven dienen, durch gewisse Kunstgriffe in solche zur Verdrehungsmessung umzuwandeln.

Ebenso können auch magnetische Verfahren zur Verdrehungsmessung wieder in ähnlicher Weise in solche zur Aufnahme von Wechselstromkurven umgewandelt werden. Letzteres ist z. B. der Fall bei dem weiter oben beschriebenen Verdrehungsmesser von Denny-Johnson; es würde jedoch hier zu weit führen, näher auf diesen Punkt einzugehen.

Den Scheiben *A* und *B* gegenüber sind klammer- oder C-artige Eisenkerne M_a und M_b angebracht. Diese sind an ihren Mittelteilen von einer Spule P_a und P_b umgeben.

Von einer Stromquelle *W* möge über den Schalter *U* und dem Regulierwiderstand *R* diesen Spulen ein konstanter oder ein Wechselstrom zugeführt werden. Die beiden Schenkel von M_a und M_b sind mit Spulen s_a und s_b versehen.

Rotiert die Welle, so gehen zu entsprechenden Zeiten einzelne Gruppen von Eisenlamellen zwischen den Schenkeln von M_a und M_b vor-

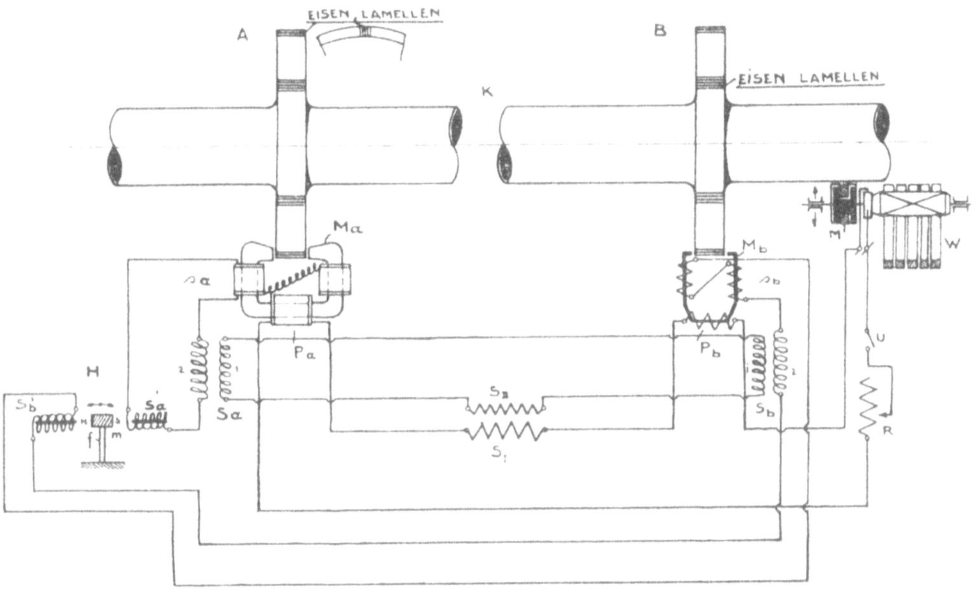

Fig. 16

bei, wodurch der magnetische Fluß im Eisen der letzteren momentan vergrößert wird. Hierdurch werden in den Spulen s_a und s_b Ströme induziert[42]).

Im Falle den Spulen P_a und P_b Wechselstrom zugeführt wird von *W*, so wird in s_a und s_b stets ein entsprechender Wechselstrom induziert werden, der von dem Vorbeigehen der Eisenlamellen an M_a und M_b eine Änderung in seinem Werte erleiden würde; um jedoch, wie bei der Gleichstromzuführung einen Strom in s_a und s_b zu erhalten, der diesen Änderungen allein entspricht, wird der folgende Weg eingeschlagen:

[42]) Die Kurvenform dieser Wechselströme wird eine kurz gedrängte und langgestreckte sein, d. h. große Maximalamplitude bei kleiner Periodenlänge.

Die Zuleitung von P_a und P_b erhält eine Induktionsspule S_I. Die Stromkreise von s_a und s_b erhalten Spulen *2* der Transformatoren S_a und S_b. Die Spulen *1* der letzteren bilden mit der Spule S_{II} einen Nebeninduktionskreis. Die Wickelungen der Spulen S_I und S_{II} und die der Transformatoren S_a und S_b werden so gewählt, und die Spulen so gegeneinander eingestellt, daß die in s_a und s_b durch P_a und P_b induzierten Ströme durch S_I, S_{II} und $S_{a\,1,2}$, $S_{b\,1,2}$ wieder hinweg induziert werden.

Gehen unter diesen Umständen an M_a und M_b Eisenlamellen vorbei, so werden in s_a und s_b nur die entsprechenden Ströme induziert.

In der Messung des Relativen- oder Größen-Verlaufes der in s_a und s_b in der im Vorhergehenden beschriebenen Weise induzierten Ströme haben wir dann genau wie früher angedeutet, ein Mittel, um die Verdrehung der Welle K quantitativ festzustellen.

Bei der in Fig. 16 gezeigten Anordnung ist der Vorgang bei der Messung der Verdrehung in folgender Weise gedacht:

H soll eine Vorrichtung sein, die es ermöglicht, die Verschiebung, welche die Ströme in s_a und s_b durch die Verdrehung der Welle erleiden, zu messen.

In den Stromkreis von s_a und s_b sind Spulen S_a' und S_b', über entsprechende Eisenkerne gewickelt, eingeschaltet. Die Spulen S_a' und S_b' sind sich gegenüber angeordnet und so gewickelt, daß sie sich in ihrer Wirkung aufheben, wenn sie von gleichen Strömen durchflossen werden.

Zwischen S_a' und S_b' ist ein kleiner Magnet $N-S$ von der Masse m angebracht. Derselbe wird durch zwei eingespannte Flachfedern f getragen.

Rotiert die unbelastete Welle, so werden die Spulen S_I und S_I und $S_{a\,1,2}$, $S_{b\,1,2}$ wie früher so eingestellt, daß S_a' und S_b' keinen Einfluß auf den Magnet $N-S$ ausüben.

Wird die Welle belastet, so erfahren die Ströme in s_a und s_b, wie früher angedeutet, eine der Verdrehung entsprechende Phasenverschiebung.

Wie man leicht sieht, bewirkt diese, daß ein von ihrer Größe abhängiges periodisches magnetisches Feld auf den Magnet $N—S$ wirkt.

Ist die Vorrichtung träge genug, so wird der Magnet $N—S$ einen Dauerausschlag zeigen, dessen Größe, von der Mittellage von $N—S$ gerechnet, von der Größe der Phasenverschiebung abhängen wird, woraus sich dann die Größe der wirklich auftretenden Verdrehung der Welle finden läßt.

Besteht endlich die Stromquelle *W* aus einer kleinen Magnetmaschine, die mittels einer Magnetrolle[43]) oder sonstwie von der Welle angetrieben wird, so wird die Größe des Ausschlages von *N—S* nicht nur durch die Größe der Verdrehung oder der entsprechenden Phasenverschiebung der Ströme in S_a' und S_b' abhängen, sondern je größer die Geschwindigkeit am Umfang der Welle jetzt ist, desto stärker werden die Ströme sein, die durch S_a' und S_b' fließen, und um ebensoviel kräftiger die Wirkungen derselben auf den Magneten *N—S*. Der Dauerausschlag von *N—S* wird daher jetzt von der Verdrehung der Welle sowie von deren Umfangsgeschwindigkeit abhängen, und, da die von der Welle übertragene Leistung dem Produkte dieser Größen proportional ist, so wird derselbe eine Anzeige für die von der Welle übertragene Arbeit sein. Die Vorrichtung *H* kann also auch als Leistungsmesser ausgebildet werden. (Vergl. Abschnitt Eichung der Wellen.)

Statt, wie bei den oben beschriebenen Apparaten, die Torsions- oder Verdrehungsmessung von der Bestimmung einer Phasenverschiebung abhängig zu machen (Webb und letzter Vorschlag), oder die Phasenverschiebung der separat induzierten Ströme durch geeignete Verschiebung einer Induktionsspule zu beseitigen (Denny-Johnson), kann auch der im folgenden beschriebene Weg eingeschlagen werden.

Der Verdrehungsfernmesser von Denny und Johnson[44]).

Ordnet man den Magneten der Scheiben *A* und *B*, Fig. 11, gegenüber statt der Spulen S_a und S_b auf einem konzentrisch zur Welle verlaufenden Eisenkern eine ganze Reihe solcher einzelnen Spulen an, so wird jeder Magnet bei seinem Vorbeigang hintereinander in jeder Spule eine Spannung induzieren, die durch die betreffende Spule einen Strom treiben wird, sobald ihre Enden durch einen geeigneten Stromkreis kurz geschlossen werden.

Sucht man sich nun die beiden Spulen aus, in denen zur gleichen Zeit eine Spannung induziert wird, d. h. jene, an denen die Magnete zur gleichen Zeit vorbeigehen, so kann man aus der gegen-

[43]) Eisenrad mit stromdurchflossener Spule, welches sich gewissermaßen wie ein kleiner Elektromagnet an der Welle festsaugt. (Vergl. Mader a. a. O.)

[44]) Englische Patentschrift No. 27 842/03, Gibson a. a. O.; Engineer, Dec. 11, 1908, P. 614; Engineering, April 7, 1905, P. 440; Revue de Mécanique, Tome XXVI, No. 2, 28. Février 1910, P. 150 f. (Siehe auch Fußnote 35, Seite 31.)

seitigen Lage dieser Spulen auf die der Magnete der Scheiben *A* und *B*, d. h. auf die Größe der Wellenverdrehung, zurückschließen.

Dieser Gedanke liegt dem Verdrehungsfernmesser von Denny und Johnson zugrunde.

In Fig. 17 ist die Schaltung dieses Apparates schematisch gezeigt.

Der die Welle konzentrisch umgebende kurze Eisenbogen möge in Fig. 17 gerade gestreckt sein.

Auf dem, der der Scheibe *A* gegenüber liegt, seien Spulen *a*, *b*, *c* ... *n* nahe aneinander gewickelt.

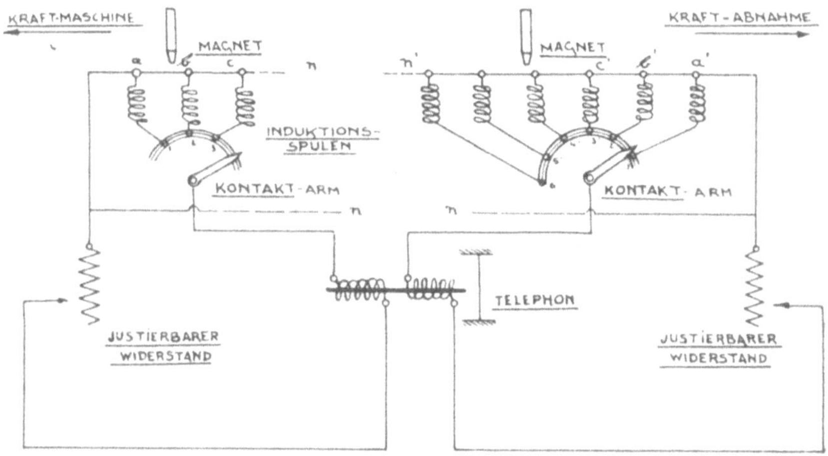

Fig. 17

Auf dem der Scheibe *B* gegenüberliegenden seien Spulen *a'*, *b'*, *c'* ... *n'* gewickelt.

Die oberen Enden der Spulen sind über einen Regulierwiderstand an eine Telephonspule geschlossen, deren anderes Ende mit einem Kontaktarm verbunden ist, der nacheinander mit den freien Enden 1, 2, 3... und 1', 2', 3'... der Spulen *a*, *b*, *c* ... *n* und *a'*, *b'*, *c'* ... *n'* verbunden werden kann.

Sind die Kontaktarme auf irgend eine der Spulenden eingestellt, so gleicht die Anordnung eigentlich genau der des auf Seite 31 beschriebenen Torsionsmessers von Denny und Johnson. Die von den Magneten bei ihrem Vorbeigang in den beiden genannten Spulen induzierten Ströme wirken dann auf die Membrane des Telephonhörers, und sind dieselben genau „im Tritt", d. h. sind die erwähnten Spulen gerade diejenigen, an denen die Magnete zu genau gleichen Zeiten vorbeigehen, so wird eine entsprechende Einstellung der Widerstände, da die Telephonspulen wie die der Fig. 11 einander entgegengesetzt gewickelt sind, bewirken, daß im Telephon kein Laut zu vernehmen ist. Ist die Einstellung der Spulen nicht richtig, d. h. hat man nicht gerade diejenigen getroffen, in denen zu genau gleichen Zeiten Ströme induziert werden, so wird durch eine Einstellung der Wider-

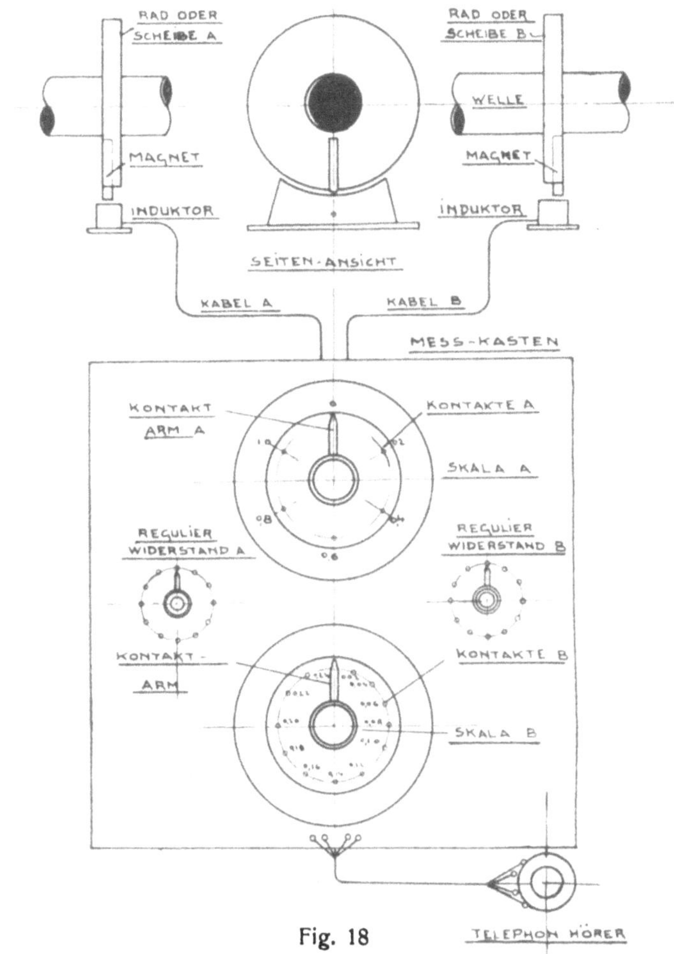

Fig. 18

stände allein keine Stille des Telephons zu erreichen sein. Erst das Aufsuchen der entsprechenden Spulen wird diese herbeiführen.

Der Vorgang bei der Verdrehungsmessung nach diesem Verfahren ist daher der folgende:

Bei unbelastet rotierender Welle werden die Kontaktarme solange verschoben und die Widerstände solange einreguliert, bis im Telephon nichts mehr zu hören ist.

Eine nachträglich eintretende Verdrehung der Welle verursacht dann im Telephon einen mit jeder Umdrehung der Welle wiederkehrenden Laut.

Werden hierauf die Kontaktarme solange verschoben, bis im Telephon nahezu oder kein Laut mehr zu vernehmen ist, so hat man die gesuchten Spulen gefunden. Im Prinzip läuft diese Methode also einfach auf folgendes hinaus: Der Verdrehungsbogen wird mit Spulen ausgefüllt, gewissermaßen in Spuleneinheiten geteilt, und man tastet so lange, bis man diejenigen Spulen gefunden hat, die dem Anfangs-

Fig. 19

Fig. 20

und Endpunkte des Verdrehungsbogens entsprechen. Die Länge des Verdrehungsbogens wird also eigentlich in Spulenbreiten ausgemessen.

Fig. 18 gibt die Gesamtanordnung schematisch wieder.

Die Skala *A* trägt die gegenseitigen Entfernungen der Spulen auf Induktorbogen *A* in $1/5''$ gemessen.

Die Skala *B* trägt die entsprechenden Entfernungen auf dem Induktorbogen *B* in $1/100''$ gemessen.

Die gegenseitige Schaltung hat so zu erfolgen, daß die in *A* induzierten Ströme stets den in *B* induzierten entgegengesetzt sind, und die Anordnung des Induktors ist so zu treffen, daß zur gleichen

Zeit die Magnete auch wirklich an den Induktorspulen vorbeigehen können. Z. B. würde, im Falle die Induktoren so eingestellt würden, daß die Magnete hintereinander an den Spulen der ersteren vorbeigingen, wohl im Telephon ein Geräusch zu vernehmen sein, eine entsprechende Einstellung auf kein Geräusch im Telephon aber, wie leicht ersichtlich, nicht zu erhalten sein.

In Fig. 19 ist die Anbringung der Scheiben und des Induktors gezeigt.

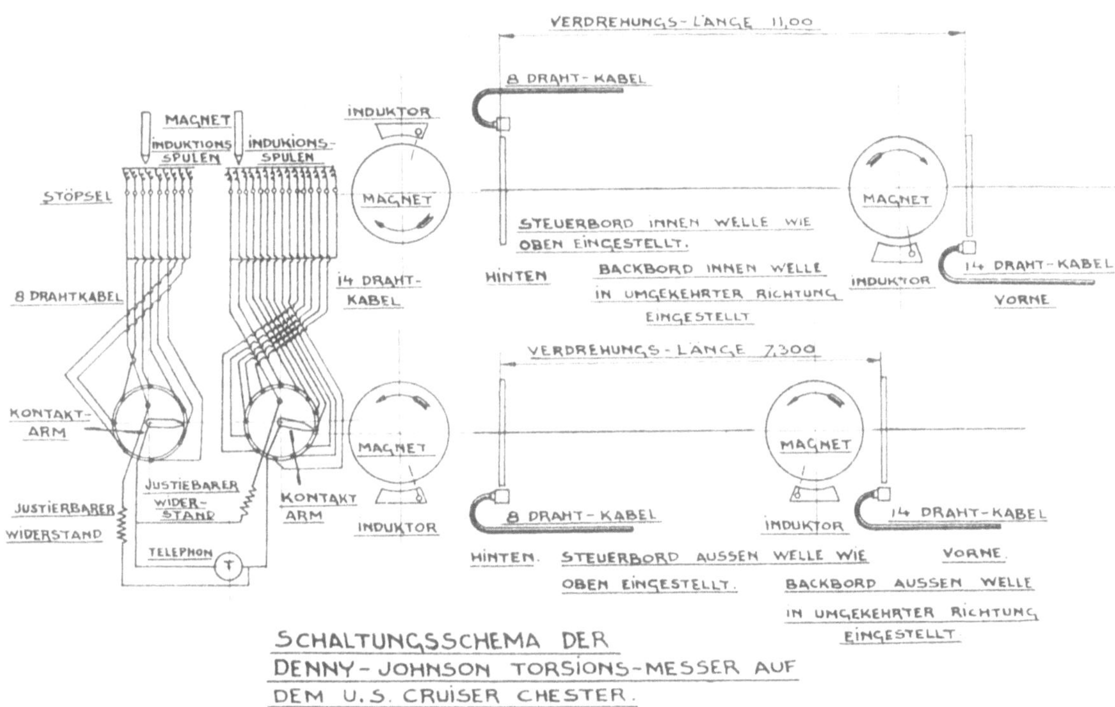

Fig. 21

Unten in Fig. 19 ist der Magnet und das Induktorkabel leicht zu erkennen.

Fig. 20 zeigt den Meßkasten im Bilde, mit dem die Messungen von einem dem Maschinenraum entfernten Orte vorgenommen werden.

In Fig. 21 ist die Schaltung der Verdrehungsmesser auf dem Rekognoszierungskreuzer „Chester“ der Vereinigten Staaten von Amerika gezeigt. Dieselbe ist nach der Erklärung der Fig. 17 (S. 42) ohne weiteres verständlich.

In Fig. 21 ist der Induktor oben links aus Platzrücksichten oberhalb der Welle angebracht.

Die im Vorhergehenden beschriebenen magnetischen Kontaktverfahren bilden eine Kategorie für sich.

Wie schon früher gelegentlich bemerkt, sind dieselben im allgemeinen unabhängig von Aenderungen in der Stromstärke ihrer Stromquellen. (S. 30.)

Sie leiden aber alle an einem Uebel, welche die Lagerung von bestimmten Teilen der Anordnung im Raume außerhalb der Welle mit sich bringt, nämlich an dem, daß, wenn, nachdem die Nullstellung festgestzt wurde, irgend eine Aenderung in der gegenseitigen Lage einzelner Teile eintritt, wodurch die elektrischen oder magnetischen Verhältnisse, die bei der Bestimmung der Nullstellung vorhanden waren, geändert werden, die resultierenden Messungen im Einklang mit diesen Aenderungen gefälscht werden. Wir haben bei Besprechung der optischen Verfahren Gelegenheit gehabt, die hier in Betracht kommenden Gesichtspunkte des Näheren zu erörtern, und sei daher hier auf diese Erörterungen verwiesen. (Vergl. Abschnitt: Die optischen Methoden.)

Zu bemerken wäre noch, daß bei der zuletzt beschriebenen Anordnung von Denny und Johnson, wie bei der früheren von ihnen (S. 31), nur der Verdrehungswinkel gemessen wird, der in dem Augenblick vorhanden ist, in dem die Magnete an den entsprechenden Spulen vorbeigehen. Ist der Verlauf der Verdrehung ein periodischer, der sich in seiner Periode über verschiedene Umdrehungen der Welle hin erstreckt, so sieht man leicht, wie im analogen Fall schon früher angdeutet wurde, daß bei einem empfindlichen Telephonhörer nach Fig. 20 keine Stille zu erzielen sein wird, da die Magnete in fortwährend geänderter Stellung an denselben Spulen vorbeigehen, und somit gleichzeitig induzierte Spulen nicht gegeneinander geschaltet werden können, worauf die Messung hier im Prinzip beruht[45]).

[45]) Kelvin & James White Ltd., die Fabrikanten dieses Apparates (vergl. Fußnote 35, S. 31), geben an, daß, im Falle im Telephon das Geräusch nicht ganz beseitigt werden kann, dieses für die Messungen zu empfindlich sei; man solle daher die Spannschraube am Telephonhörer so lange nachstellen, bis die gewünschte Empfindlichkeit erreicht sei.

Es will uns hier scheinen, daß der Grund für das genannte Geräusch in dem oben Gesagten zu finden ist. Bei absoluter konstanter Verdrehung müßte selbst das empfindlichste Telephon nach erfolgter Einstellung keinen Laut mehr von sich geben.

Es erscheint nicht gerade richtig, Leute dazu anzuleiten, einen Untersuchungsapparat durch entsprechende Einstellung so unempfindlich zu machen, daß sie von der Veränderlichkeit der Verdrehung nichts mehr merken.

Soll eine veränderliche Verdrehung nach den zwei bis jetzt beschriebenen Methoden von Denny und Johnson gemessen werden, so kann dieses durch Anordnung mehrerer Magnete usw., ähnlich, wie das in analogem Fall bei dem Verfahren auf Seite 23 angedeutet wird, geschehen; wie man leicht sieht, wird die Orientierung jedoch schwierig.

Alle die hier beschriebenen magnetischen Kontaktverfahren kranken aber an noch einem anderen Nachteil (Denny-Johnson I u. II und Webb), bei geringer Wellenrotation sind die induzierten Ströme nicht kräftig genug, um die von ihnen verlangten Wirkungen hervorzubringen[46]); in solchen Fällen ist die Verwendung einer der Methoden mit Berührungskontakten deshalb geeigneter, oder für die Fernmessung die Anordnung der Fig. 16, mit Wechselstrom betrieben, die in diesem Falle besonders gut wirken würde, da, so langsam die Eisenlamellengruppen sich auch zwischen den Magnetjochen M_a und M_b vorbeibewegen mögen, je kräftiger die ausgeglichenen Wechselströme dieser Anordnung sind, desto stärker werden dann auch die in den Spulen s_a und s_b induzierten Ströme sein.

Man wird jedenfalls von Fall zu Fall bei der Wahl einer bestimmten Methode den Verhältnissen, unter denen die Apparate zu arbeiten haben, Rechnung tragen müssen; denn ein Apparat, der für den einen Fall vielleicht ganz vorzüglich geeignet erscheint, mag im anderen Fall direkt unbrauchbar erscheinen. So sei hier z. B. erwähnt, daß bei den magnetischen Verfahren, bei denen die stromführenden Teile durch Kapseln gegen äußere Einflüsse geschützt werden können, selbst bei längeren Arbeiten unter Wasser, noch vorzügliche Resultate erzielt werden können[47]).

Natürlich darf nicht vergessen werden, daß in einem Falle, wie der eben erwähnte, die Luftspalten zwischen Magneten und Induktoren oder entsprechenden Teilen, die im allgemeinen 1—1,5 mm betragen werden, durch Wasserschichten ersetzt werden, und daher kann wegen der Permeabilitäts- oder magnetischen Durchlässigkeitsänderung des umgebenden Mediums eine neue Bestimmung der Nullstellung nötig sein. Unter sonst gleichen Verhältnissen wird eine solche aber

---

[46]) Hier würde der in Fig. 10 (vergl. S. 29) vorgeschlagene Stromdetektor mit Vorteil das Telephon ersetzen. Die Bewegung der leichten Fäden desselben kann sofort gesehen werden, während eine schwache Bewegung der Telephonmembrane, wenn eine solche überhaupt noch erfolgt, nicht notwendigerweise einen Ton hervorbringt.

[47]) Vergl. einen Brief Dennys zur Diskussion Gibson a. a. O., P. 179 f., oder Johnson's, P. 183 f.

nicht nötig sein, da die Induktionskreise durch die Permeabilitätsänderung gleichmäßig beeinflußt werden.

Natürlich können durch das Wasser Längen- oder Lageänderungen durch Expansion entstehen, deren Einfluß berücksichtigt werden muß.

Erwähnt sei an dieser Stelle noch, daß bei der Rotation der Welle geringe Kräfte nötig sind, um die Magnete an ihren Spulen vorbeizuführen, die, wenn die oben beschriebenen Methoden zu feineren Messungen herangezogen werden, beispielsweise zur Bestimmung der Verdrehung feiner, rotierender, geringe Kräfte übertragnder Drähte berücksichtigt werden müssen[48]).

Wir kommen jetzt zur Besprechung einer dritten, ebenfalls von Denny und Johnson getroffenen, Anordnung.

Der fernanzeigende Torsionsindikator von Denny und Johnson.[49])

Wie wir schon im Abschnitt über die mechanischen Methoden andeuteten, entspricht dieser Apparat in seinem Aufbau genau den Torsionsindikatoren von Föttinger und Denny und Edgecombe. Nur in der Verdrehungsanzeige selbst unterscheidet er sich von diesen Apparaten.

In Fig. *22* ist der Apparat von Denny und Johnson seiner Anordnung nach gezeigt.

W sei die Welle; dieselbe ist von dem zweiteiligen Meßrohr oder der Hülse *K* umgeben; *K* ist in bekannter Weise mittels Stellschrauben *a*, *b* an die Welle festgeklemmt und trägt am linken Ende einen Scheibenarm *l*.

---

[48]) Zu erwähnen ist hier, daß die permanenten Magnete bei den Verfahren von Denny und Johnson und Webb vor Stößen usw. zu bewahren sind, so daß sie ihren Magnetismus möglichst lange in ungeänderter Stärke behalten.

Eine sehr eingehende Untersuchung über die zweckmäßigsten Abmessungen usw. von permanenten Magneten, um möglichst hohe Haltbarkeit derselben zu erzielen, ist von Brown unternommen worden. Vergl. Brown, Permanent Steel-Magnets. Sc. Proc. Roy. Dub. Soc., February 1910, P. 312 ff.

Die einschlägige Literatur findet in dieser Arbeit von Brown eingehende Berücksichtigung.

[49]) Englisches Patent No. 3814, angemeldet: 16. Febr. 1909, angenom en: 12. Januar 1910.

Kelvin & James White Ltd. (Fußnote 35, S. 31) haben im November 1909 zuerst angezeigt, daß sie die Fabrikation dieses Apparates übernehmen. (Zurzeit ist noch nichts über nähere Konstruktion des Apparates oder Erfahrungen mit demselben veröffentlicht worden.)

Ein anderer Arm *II* ist *I* gegenüber auf *W* mittels Stellschrauben *c*, *d* festgeklemmt. Soweit ist uns diese Anordnung bekannt.

Die Verschiebung der Arme *I* und *II* gegeneinander, die nach Früherem der Wellenverdrehung entspricht, soll auf folgendem Wege zur Anzeige gelangen:

Auf *I* ist die primäre Spule *B* eines kleinen Transformators *T* mit ihrem Eisenkern befestigt. Dieser gegenüber ist auf *II* die *B* entsprechende sekundäre Spule *A* des Transformators befestigt, oder umgekehrt.

Zwischen den Eisenkernen ist, wie in Fig. 22 oben angedeutet, ein Luftspalt vorhanden.

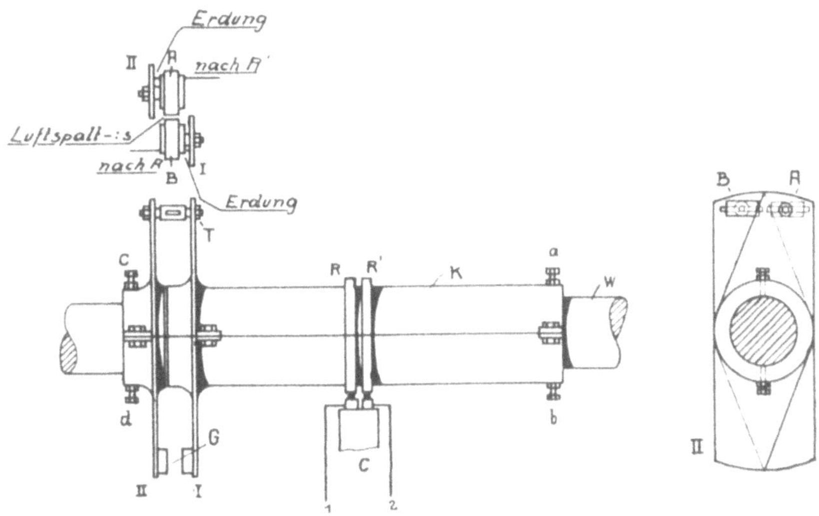

Fig. 22

Erleidet die Welle eine Verdrehung, so wird in leicht ersichtlicher Weise dieser Luftspalt in seiner Größe entsprechend dieser verändert. Auf dieser Veränderlichkeit des Luftspaltes wird die Torsionsmessung bei diesem Apparat aufgebaut.

Führt man nämlich einer der Spulen einen Wechselstrom zu, so wird in der zweiten ein Wechselstrom induziert, dessen Verlauf wesentlich von dem gegenseitigen Abstand der Spulen *A* und *B*, sowie von dem zwischen deren Eisenkernen vorhandenen Luftspalt abhängt.

Man kann also bei einer Kenntnis des Verlaufs des sekundären oder induzierten Stromes aus diesem auf die Größe des Luftspaltes bzw. die Größe der Wellenverdrehung zurückschließen.

Wie aus Fig. 23, in der die Schaltung dieses Apparates wiedergegeben ist, wenn man von den Spulen s_I, S_{II} absieht, hervorgeht.

sind zur Zu- und Wegleitung einerseits des erregenden, andererseits des erregten Stromes nicht, wie man meinen sollte, vier Leiter bzw. Schleifringe auf der Welle nötig, sondern nur zwei, da, weil es sich um Induktionskreise handelt, je einer der Leiter jeder Spule geerdet werden kann, ohne das hierdurch die Stromkreise im geringsten gestört werden.

In Fig. 22 ist der eine Leiter bzw. das eine Ende der Spule *A* mit *II* leitend verbunden, während das andere mit einem Schleifring *R'* verbunden ist. Die Leitung von *A* nach *R'* ist gegen die Welle isoliert.

Ähnliches gilt für die Spule *B*. Das eine Ende ist mit *I* verbunden, das andere mit *R*.

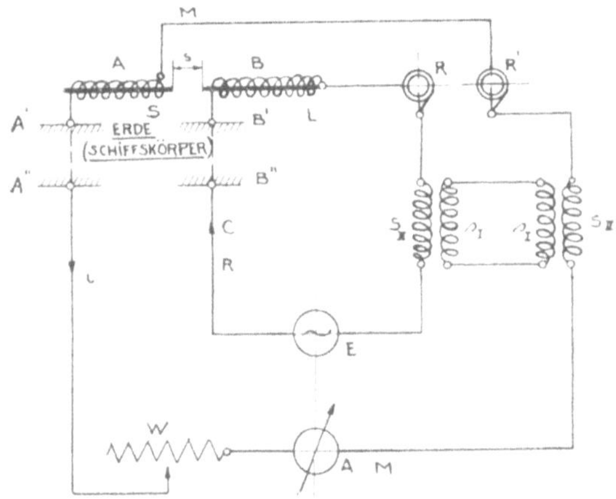

Fig. 23

Die betreffenden Ströme werden den Schleifringen *R* und *R'* mittels Schleifbürsten, die von einer Stütze gehalten werden und mit Drähten 1 und 2 verbunden sind, zu- bzw. von denselben abgeleitet.

Die Schaltung sei an der Hand der Fig. 23 des besseren Verständnisses halber noch einmal kurz erklärt.

In Fig. 23 sei *E* ein kleiner Wechselstromgenerator. Der eine Pol desselben ist bei *B''* geerdet, der andere mit der Bürste des Schleifringes *R* verbunden. Das eine Ende der Spule *B* ist bei *B'* geerdet, das andere ist mit dem Schleifring *R* auf der Welle verbunden.

E, B'', B', B, R stellt dann den primären Stromkreis des Transformators *T*, Fig. 22 vor.

Der sekundäre Stromkreis besteht aus der Spule *A*, Erdungen *A'*, *A''*, Regulierwiderstand *W*, einem Ampèremeter *A.M.* und dem und dem Schleifring *R'*. Der Luftspalt zwischen den Eisenkernen von *A* und *B* sei zu irgend einer Zeit mit *S* bezeichnet.

Man sieht sofort, daß, sobald *E* in Gang gesetzt wird, das Ampèremeter *A.M.* einen Strom anzeigen wird, der unter sonst gleichen Verhältnissen von der gegenseitigen Entfernung der Spulen *A* und *B* bzw. der Größe des Luftspaltes *S* abhängen wird.

Ist das Ampèremeter *A.M.* träge genug, und ist zwischen den Eisenkernen von *A* und *B* bei spannungsloser Welle ein Luftspalt *S* vorhanden, so wird das Ampèremeter *A.M.* einen entsprechenden Dauerausschlag zeigen.

Wird die Welle hierauf verdreht, d. h. ändert sich der gegenseitige Abstand der Spulen *A*, *B* bzw. der Luftspalt *S*, so wird der Dauerausschlag von *A.M.* einen anderen Wert annehmen. Aus dieser Änderung des Dauerausschlags läßt sich dann in einfacher Weise durch Eichung die entsprechende Verdrehung der Welle finden.

Daß diese Schaltung bei spannungsloser Welle einen Dauerausschlag anzeigt, bringt die Notwendigkeit mit sich, die Teilung der Skala des Ampèremeters *A.M.* erst bei diesem Ausschlag anfangen zu lassen.

Dieses kann man vermeiden, indem man die Schaltung durch den Induktionsstromkreis s_I, S_{II} ergänzt.

Die Wirkung desselben ist einfach folgende:

Der durch *B* in *A* induzierte Strom wird mittels der Spulen $S_{II}s_I$, s_IS_{II} nach entsprechender Einstellung derselben bei spannungsloser Weller wieder weginduziert (vergl. Fig. 16, Seite 39).

Hiermit wird erreicht, daß bei spannungsloser Welle, d. h. wenn keine Verdrehung vorhanden ist, das Ampèremeter *A.M.* keinen Strom mehr anzeigt. Tritt aber eine Verdrehung ein, so wird das Gleichgewicht gestört, und *A.M.* zeigt einen der eingetretenen Verdrehung entsprechenden Dauerausschlag an[50]).

Man sieht aber auch leicht, daß man die Größe der jeweiligen Verdrehung auch aus der Phasenverschiebung zwischen dem erregenden Strom in *B* und dem erregten in *A* folgern könnte.

Würde man beispielsweise einen Oszillographen mit zwei Systemen so schalten, daß das eine von dem primären, das andere von dem sekundären Strom durchflossen wird, so würden die vom Oszillographen aufgezeichneten Kurven je nach der Größe des Luftspaltes *S* zwischen den Spulen *A* und *B* eine gegenseitige Verschiebung und gleichzeitig auch eine Änderung in ihrem Verlauf oder ihrer Amplitude erfahren. Erstere würde die Phasenverschiebung

---

[50]) Die Zwischenschaltung des Induktionskreises ist durch das Denny-Johnsonsche Patent nicht gedeckt. Sie gestattet die Ausnutzung des größten Empfindlichkeits- oder Proportionalitätsbereiches eines Instrumentes.

darstellen, die zweite würde für die zu messenden Mittelwerte maßgebend sein. Schließlich würde sich aus dem jeweiligen Verhältnis der Mittelwerte auch auf die Größe der vorhandenen Verdrehung zurückschließen lassen.

Sieht man von dem Induktionskreis $S_{II}\, s_{I},\; s_{I}\, S_{II}$ ab, so lassen sich für den Stromverlauf im primären bzw. sekundären Stromkreis zwei simultane Gleichungen aufstellen[51]).

Bezeichnet man mit E die an den primären Stromkreis gelegte Wechselspannung und mit L, C, R nacheinander die Selbstinduktion desselben, der in demselben fließende momentane Strom und dessen Widerstand, und werden diese letzten Werte für den sekundären Stromkreis mit S, i und W bezeichnet, so sind die erwähnten Gleichungen, wenn der gegenseitige Induktionskoeffizient von A und B mit M bezeichnet wird:

Für den primären Stromkreis:

$$E - RC = \frac{d}{dt}(LC + Mi) \qquad 1)$$

Für den sekundären Stromkreis:

$$0 - Wi = \frac{d}{dt}(Si + Mc)$$

in denen einfach zum Ausdruck gelangt, daß die auftretenden Spannungen mit den angelegten Spannungen im Gleichgewicht sind. Für den sekundären Stromkreis ist die angelegte Spannung in obigem Falle gleich Null. Von der Kapazität der Leitungen soll abgesehen werden.

Für eine konstante Verdrehung, d. h. für konstanten Abstand der Spulen A und B, in welchem Falle die gegensteige Induktion M konstant ist, lassen sich die Werte der Ströme C und i, sowie deren Phasenverschiebung, die wir mit δ bezeichnen wollen, leicht niederschreiben.

Die Selbstinduktion L und S von B und A kann als konstant angesehen werden; ersetzt man dann noch das Differenziationszeichen $\frac{d}{dt}$ der leichteren Schreibweise halber durch einen ent-

---

[51]) Man vergl. Fußnote 16. Der gegenseitige Induktionskoeffizient M (siehe später) entspricht der elastischen Rückwirkung bei mechanischen Systemen.

M, L und S (siehe später) werden in Henries gemessen. 1 Henry $= 10^9$ absolute Einheiten der Induktion ist die Induktion in einem Stromkreise, wenn in demselben die elektromotrische Kraft 1 Volt induziert wird, während der induzierende Strom in einer Sekunde um ein Ampère zu oder abnimmt; da die induzierte E. M. F. $= - M \frac{di}{dt}$ ist, so meint letzteres, daß $\frac{di}{dt} = 1$ sein soll.

sprechenden Strich, so würden sich die Gleichungen 1 für den obigen Fall schreiben:

$$E - RC = LC' + Wi' \qquad 2)$$
$$0 - Wi = Si' + MC'$$

Aus einer Kombination dieser Gleichungen erhält man eine einzige für den Verlauf von C bzw. i.

Im folgenden sollen die Gleichungen 2 nach i aufgelöst werden.

Multipliziert man die obere Gleichung mit M, die untere mit L, so ergibt sich durch Subtraktion:

$$ME = M^2 i' - SLi' + MRC - LWi$$

in dieser Gleichung muß noch C beseitigt werden.

Differenziert man dieselbe, so folgt:

$$ME' = M^2 i'' - SLi'' + MRC' - LWi'.$$

Setzt man aus der unteren der Gleichungen 2 den Wert für

$$C' = -\frac{(Wi + Si')}{M}$$

ein, so erhält man aus obiger Gleichung nach entsprechender Ordnung nach i:

$$(M^2 - SL)i'' + (-SR - LW)i' + (-RW)i = ME'$$

dividiert man mit $M^2 - SL$ durch, so erhält man:

$$i'' + \frac{(-SR - LW)}{(M^2 - SL)} i' + \frac{(-RW)}{(M^2 - SL)} i = \frac{M}{(M^2 - SL)} E'$$

Von dem Ausdrucke $M^2 - SL$ kann gezeigt werden, daß er in allen praktischen Fällen negativ ist, d. h. daß $M^2 < SL$ ist. Bezeichnet man mit ν_1 und ν_2 den Streuungskoeffizienten für den primären bezw. sekundären Stromkreis (d. h., daß der eine Stromkreis νN Kraftlinien aussenden muß, damit N den anderen schneiden), so ergibt sich

$$M^2 = \frac{SL}{\nu_2 \nu_1}$$

und da $\nu_1 \nu_2 > 1$ sind,[4] so muß auch, weil $M^2 \cdot \nu_2 \nu_1 = SL$ ist, $M^2 < SL$ sein.

Wird daher in obiger Gleichung $(M^2 - SL)$ mit negativem Vorzeichen eingesetzt, so läßt sich dieselbe, wenn man die Koeffizienten

$$\frac{SR + LW}{M^2 - SL}, \quad \frac{RW}{M^2 - SL} \quad \text{und} \quad -\frac{M}{M^2 - SL}$$

von i', i und E' der Reihe nach durch α, α_1 und β ersetzt, schreiben

$$i'' + \alpha i' + \alpha_1 i + \beta E' = 0. \qquad 3)$$

Die Lösung dieser nicht homogenen Differentialgleichung zweiten Grades mit konstanten Koeffizienten ist bekannt.

Die Stromamplitude i kann in zwei Teilamplituden i_1 und i_2 zerlegt werden, die der Gleichung genügen müssen:

$$i_1'' + \alpha i_1' + \alpha_1 i_1 = 0$$
$$i_2'' + \alpha i_2' + \alpha_1 i_2 + \beta E' = 0.$$

Die erste ist die eines abklingenden Stromes und kommt nur für kurze Zeit nach dem Anlegen der Spannung E in Betracht. Die zweite ist die Gleichung des erregten oder erzwungenen Stromes, der uns hier allein interessiert.

E ist eine periodische Funktion der Zeit, kann also durch

$$\varphi(t) = A_0 + A_1 \sin \Omega t + A_2 \sin 2\Omega t \ldots\ldots\ldots$$
$$+ B_1 \cos \Omega t + B_2 \cos 2\Omega t \ldots\ldots\ldots$$

dargestellt werden.

Beschränken wir wie früher unsere Betrachtungen auf die eine Welle, z. B. $B_1 \cos \Omega t$, so schreibt sich die Gleichung für i_2 zu:

$$i_2'' + \alpha i_2' + \alpha_1 i_2 - \beta\Omega B_1 \sin \Omega t = 0$$

oder

$$i_2'' + \alpha i_2' + \alpha_1 i_2 = \Omega\beta B_1 \sin \Omega t. \qquad 4)$$

Die allgemeine Lösung dieser Gleichung ist:

$$i_2 = A \sin \Omega t + B \cos \Omega t. \qquad 5)$$

Um die Koeffizienten A und B zu bestimmen, differenzieren wir Gleichung 5 in entsprechender Weise und setzen in Gleichung 4 ein. Dieses ergibt:

$$- \Omega^2 (A \sin \Omega t + B \cos \Omega t)$$
$$+ \alpha\Omega (A \cos \Omega t - B \sin \Omega t)$$
$$+ \alpha_1 (A \sin \Omega t + B \cos \Omega t) = \Omega\beta B_1 \sin \Omega t$$

oder nach Winkelfunktionen geordnet:

$$([\alpha_1 - \Omega^2] A - \alpha\Omega B) \sin \Omega t$$
$$+ ([\alpha_1 - \Omega^2] B + \alpha\Omega A) \cos \Omega t = \Omega\beta B_1 \sin \Omega t.$$

Setzt man die Koeffizienten gleicher Winkelfunktionen gleich, so erhält man

$$(\alpha_1 - \Omega^2) A - \alpha\Omega B = \Omega\beta B_1$$

und

$$(\alpha_1 - \Omega^2) B + \alpha\Omega A = 0$$

Aus der Determinanten[52]) für diese Gleichung folgt

$$A = \frac{\Omega\beta B_1 (\alpha_1 - \Omega^2)}{(\alpha_1 - \Omega^2)^2 + (\alpha\Omega)^2} \qquad 6)$$
$$B = - \frac{\alpha\Omega^2 \beta B_1}{(\alpha_1 - \Omega^2)^2 + (\alpha\Omega)^2}$$

---

[52]) Die Determinanten zweier simultanen Gleichungen von der Form

$$a_1 x + b_1 y = c_1$$
$$a_2 x + b_2 y = c_2$$

sind

$$x = \frac{\begin{vmatrix} c_1 & b_1 \\ c_2 & b_2 \end{vmatrix}}{\begin{vmatrix} a_1 & b_1 \\ a_2 & b_2 \end{vmatrix}} = \frac{(c_1 b_2)}{(a_1 b_2)} \text{ und}$$

$$y = \frac{\begin{vmatrix} a_1 & c_1 \\ a_2 & c_2 \end{vmatrix}}{\begin{vmatrix} a_1 & b_1 \\ a_2 & b_2 \end{vmatrix}} = \frac{(a_1 c_2)}{(a_1 b_2)}$$

Oder mit Einsetzung dieses Wertes in Gleichung 5:

$$i_2 = \frac{\Omega\beta B_1 (\alpha_1 - \Omega^2)}{(\alpha_1 - \Omega^2)^2 + \alpha^2 \Omega^2} \sin \Omega t - \frac{\alpha\Omega^2 \beta B_1}{(\alpha_1 - \Omega^2)^2 + \alpha^2 \Omega^2} \cos \Omega t.$$

Die Phasenverschiebung δ folgt aus

$$A = p \cos \delta$$
$$B = p \sin \delta$$

oder

$$p = \sqrt{A^2 + B^2} \text{ und } \operatorname{tg} \delta = \frac{B}{A}$$

oder

$$\delta = \operatorname{arc} \operatorname{tg} \frac{B}{A}$$

so daß

$$i_2 = A \sin \Omega t + B \cos \Omega t$$
$$= p \sin (\Omega t + \delta) = \sqrt{A^2 + B^2} \sin \left(\Omega t + \operatorname{arc} \operatorname{tg} \frac{B}{A}\right) \text{ ist.}$$

Setzt man die Werte für A und B aus 6 ein, so ergibt sich

$$i_2 = \Omega\beta B_1 \sqrt{\frac{1}{(\alpha_1 - \Omega^2)^2 + (\alpha\Omega)^2}} \sin \left(\Omega t + \operatorname{arc} \operatorname{tg} \left(- \frac{\alpha\Omega}{\alpha_1 - \Omega^2}\right)\right). \qquad 7)$$

Da die Werte von α, α_1 und β in obiger Gleichung unter sonst gleichen Umständen von dem Werte von

$$M^2 = \frac{LS}{\nu_1 \nu_2}$$

abhängen, sieht man, daß die Größe der Amplitude des erzwungenen Stromes i, sowie die Größe der Phasenverschiebung δ zwischen erregendem und erregtem Strome von der Größe des Produktes $\nu_1 \cdot \nu_2$ abhängen wird.

Da aber die Größe der Streuungskoeffizienten wesentlich von der jeweiligen Entfernung, besonders aber von der Größe des Luftspaltes S, Fig. 23, abhängen wird, so sieht man leicht, daß, wie schon früher behauptet wurde, jedem statischen (d. h. konstanten) Wert der Verdrehung eine besondere Amplitude des erregten Stromes, sowie eine besondere Phasenverschiebung desselben gegenüber dem erregenden Strome entsprechen wird.

Der erste Umstand ermöglicht es uns, aus den Mittelwerten des erregten Stromes, wie früher gezeigt, auf die Verdrehung zurück-

---

Zu 52) Dieses sind Determinanten zweiten Grades; ihre Auflösung ergibt:

$$x = \frac{c_1 b_2 - c_2 b_1}{a_1 b_2 - a_2 b_1}, \quad y = \frac{a_1 c_2 - a_2 c_1}{a_1 b_2 - a_2 b_1}.$$

Denkt man sich in Gleichung 6, A und B durch x und y usw. vertauscht, so folgt obige Lösung. (Vergl. Prang, Einführung in die Theorie und den Gebrauch der Determinanten, 1900; Dölp, Die Determinanten nebst Anwendung auf die Lösung algebraischer und analytisch-geometrischer Aufgaben, 1903; Muir's Theory of Determinants, 1890.)

zuschließen, während der zweite Umstand uns die Möglichkeit zeigt, aus der jeweiligen Phasenverschiebung auf die Verdrehung zurückzuschließen, wie wir das früher schon aus der Anschauung folgerten.

Da, wie aus Gleichung 7 ersichtlich, in dem Ausdruck für die Phasenverschiebung die Amplitude des erregenden Stromes nicht vorkommt, so kann man sagen, daß es im allgemeinen besser sein wird, die Verdrehungsmessung von der Bestimmung der Phasenverschiebung abhängig zu machen, in welchem Falle etwaige fehlerbringende Änderungen der Erregeramplitude auf die Messungen keinen Einfluß haben. Dieses gilt besonders für die an anderer Stelle behandelten magnetischen Kontakt- oder Induktionsverfahren. (S. 18 ff. und S. 31 ff.)

Aus Gleichung 7 sehen wir ferner, daß die Amplitude des erregenden Stromes B_1 in Gleichung 7 mit dem Ausdrucke

$$\frac{\beta \Omega}{\sqrt{(\alpha_1 - \Omega^2)^2 + (\alpha \cdot \Omega)^2}}$$

multipliziert vorkommt, woraus sich die Möglichkeit ergibt, aus dem Verhältnis der beiden Amplituden auf die Größe der Verdrehung zurückzuschließen, worin aber eigentlich schon das über die Mittelwerte Gesagte versteckt liegt.

Bis jetzt haben wir angenommen, daß die Verdrehung stets über einen langen Zeitraum hinweg (theoretisch unendlich langen Zeitraum, wegen der Abklingungszeit der Amplitude i_1) konstant bleibe, und somit die gegenseitige Induktion der Spulen *A* und *B*, Fig. 23, für diesen Zeitraum konstant bleibe.

Tritt dagegen eine Torsionsschwingung in der Welle auf, so gelten unsere obigen Betrachtungen nicht mehr, da jetzt *M* selbst eine komplizierte Funktion der Zeit wird, die abhängen wird von der periodischen Veränderung des Luftspaltes *S*, sowie des Spulenabstandes; letzterer wird gleich einer konstanten Entfernung $+ S$ sein.

Die Verdrehung der Welle können wir nach früherem ausdrücken durch:

$$\begin{aligned} f(t) = a_0 + a_1 \sin \omega t + a_2 \sin 2\omega t \\ + b_1 \cos \omega t + b_2 \cos 2\omega t \end{aligned}$$

wofür wir auch *S* schreiben können, wenn wir a_0 durch $\alpha_0 = S_0 + a_0$ ersetzen, wo S_0 der Luftspalt sein soll, wenn keine Verdrehung vorhanden ist; also:

$$\begin{aligned} S = \alpha_0 + a_1 \sin \omega t + a_2 \sin 2\omega t \\ + b_1 \cos \omega t + b_2 \cos 2\omega t \end{aligned}$$

Wie schon oben gesagt, wird *M* eine Funktion dieses Ausdruckes sein, oder, was dasselbe ist, die Streuungskoeffizienten ν_1 und ν_2 werden sich jetzt nach einer von *S* abhängigen Funktion ändern.

Unsere Gleichung 1 geht in diesem Falle über in

$$E - RC = LC' + Mi' + iM'$$

und

$$0 - Wi = Si' + MC' + CM'$$

weil jetzt beide der Faktoren des Produktes Mi bzw. MC mit der Zeit veränderlich sind.

Die Auflösung dieser Gleichungen ist aber selbst mit erheblichen Vereinfachungen noch mit bedeutenden Schwierigkeiten verbunden, da in diesen E eine Funktion der Winkelgeschwindigkeit Ω ist und M, wie wir eben sahen, eine Funktion von ω, der Winkelgeschwindigkeit der Wellenumdrehung, ist.

Die Schwierigkeit liegt eben darin, daß die Periode $T = \frac{2\pi}{\Omega}$ des erregenden oder störenden Stromes im allgemeinen nicht von der Periode $T_1 = \frac{2\pi}{\omega}$ der Störungsfunktion für die Wellenschwingungen abzuhängen braucht; denn der Alternator E in Fig. 23, sowie die Welle W in Fig. 22 können ganz unabhängig voneinander angetrieben werden. Bekanntlich kann die Übereinanderlagerung zweier Schwingungen, die verschiedene Perioden haben (sogenannte Schwebung), worauf die Lösung unser letzten Gleichung hinauslaufen muß, nicht durch eine Fourier-Reihe ausgedrückt werden.

Bringt man dagegen einen gewissen Zwang in unsere Aufgabe, in dem man die Bedingung stellt, daß der Alternator E von der Welle W angetrieben wird, so daß Ω ein Vielfaches von ω wird, so werden die Verhältnisse natürlich bedeutend vereinfacht. Wir wollen uns jedoch hier mit diesen Andeutungen begnügen und nur noch erwähnen, daß eine eingehende Untersuchung dieses Apparates von Denny und Johnson auf dem hier angedeuteten theoretischen Wege, verbunden mit einer Oszillographenaufnahme der erregenden und erzwungenen Ströme, sowie deren elektrische Resonanzanalyse zu überaus interessanten Ergebnissen führen müßte. Es ist noch darauf aufmerksam zu machen, daß in diesem Falle der Gedanke der elektrischen Resonanzanalyse nahe liegt, da, wie wir oben sahen, der erregte oder induzierte Strom die Eigenart des Verdrehungsverlaufs schon in sich birgt.

Dennoch wäre eine mechanische Analyse nach den im Abschnitt über die mechanischen Methoden angedeuteten Gesichtspunkten und besonders ein Vergleich beider Analysen, von hohem Interesse.

Hier haben wir auch Gelegenheit, so recht zu sehen, daß zwischen der elektrischen und mechanischen Resonanzanalyse nicht nur eine Analogie vorhanden ist, sondern, daß auch, wie man es eigentlich erwarten müßte, eine die andere ersetzen kann, woraus folgt, daß in geeigneten Fällen allgemein die Analyse der periodischen Bewegung zweier Körper auf eine elektrische Resonanzanalyse zurückgeführt werden kann.

Uns will es deshalb an dieser Stelle scheinen, daß die kommende Zeit die Möglichkeit mit sich bringen wird, eine beliebige, auf dem Papier gegebene periodische Funktion, oder überhaupt irgendeinen periodischen Vorgang, auf elektrischem oder mechanischem Resonanzwege vorzunehmen; der Grundgedanke ist hier und im oben erwähnten Abschnitt zum Ausdruck gebracht, er bedarf jetzt nur der weiteren Ausarbeitung. —

Nach diesen Erörterungen wenden wir uns wieder der Besprechung des Denny und Johnsonschen Ferntorsionsindikators zu.

Derselbe kann, ähnlich dem in Fig. 16 gezeigten Apparat, als Leistungsmesser ausgebildet werden; es ist dazu nur nötig, den Alternator *E* von der Welle antreiben zu lassen, so daß dessen Spannung im Verhältnis der Umfangsgeschwindigkeit der Welle zu- oder abnimmt, je nachdem jene größere oder kleinere Werte annimmt. Man sieht dann leicht, daß die Mittelwertanzeigen des Ampèremeters *A.M.*, Fig. 23, nicht mehr von der Verdrehung allein abhängen werden, sondern auch von der Umfangsgeschwindigkeit der Welle, d. h. die Mittelwerte werden dem Produkte aus Verdrehungswinkel und Umdrehungszahl der Welle, oder der Leistung, proportional sein. Und zwar werden die Dauerausschläge von *A.M.* der mittleren Leistung proportional sein, da der Zeiger infolge seiner Trägheit stets eine entsprechende Mittelstellung einnimmt.

Hier sei noch bemerkt, daß, im Falle nur die Verdrehung zur Anzeige gelangen soll, das kleine Alternatoraggregat *E*, genügend hohe Wellenumfangsgeschwindigkeit vorausgesetzt, in einfacher Weise ersetzt werden kann.

Unterteilt man nämlich den Schleifring *R* des primären Stromkreises in Fig. 23 derart, daß er aus lauter voneinander isolierten Metall-Lamellen besteht, und wird jede Metall-Lamelle mit der Primärspule *B* verbunden, so kann der Wechselstrom von *E* durch einen Gleichstrom ersetzt werden, der jetzt auf der Welle unterbrochen wird. Obwohl diese Anordnung eine Verbilligung des in Fig. 22 dargestellten Apparates bedeuten würde, so ist sie doch nicht empfehlenswert, weil der Apparat bei langsamer Wellenumdrehung versagen würde, und zudem eine statische Eichung des Apparates nicht mehr möglich wäre.

Der Denny-Johnson-Apparat eignet sich nämlich ganz besonders dazu, auf seiner Welle direkt mit dieser geeicht zu werden, wie man aus der Anordnung leicht sieht. Wir haben schon an anderer Stelle gezeigt, daß diese Art der Eichung die einzig richtige ist. Überhaupt ist in dem Umstand, daß bei diesem Apparat die eigentliche Meßoperation auf der Welle erfolgt, seine Überlegenheit gegenüber den gesamten anderen, die später beschrieben sind, von Rangdale ausgenommen, elektrischen Methoden zu erblicken.

Bezüglich des Auftretens von Schwingungen gilt ohne weiteres das über die mechanischen und optischen Methoden Gesagte. Die Massen der Spulen *A* und *B* sind durch Ausgleichsgewichte *G*, Fig. 22, ausgeglichen. Wie man leicht sieht, würden Schwingungen des Meßrohres *K* die schon früher angedeuteten Untersuchungen bedenklich erschweren. Ihr Vorhandensein läßt sich leicht auf folgendem Wege feststellen:

In Fig. 23 wird *E* durch eine Gleichstromquelle ersetzt; an Stelle von *A.M.* tritt ein empfindlicher Stromanzeiger[53]), sonst bleibt an der Anordnung alles dasselbe. Setzt man hierauf die Welle unbelastet in Umdrehung, so wird, sobald die Spulen *A* und *B* irgend eine Bewegung gegeneinander ausführen, ein Strom angezeigt werden, da bei konstanter Stromstärke im primären Stromkreis schon eine Änderung des gegenseitigen Induktionskoeffizienten *M* dazu genügt, um im sekundären Stromkreis einen Strom zu induzieren.

Hieraus folgt die Möglichkeit, bei anderen Apparaten in ganz ähnlicher Weise Schwingungen nachzuweisen.

Läßt man endlich die Welle unter obigen Bedingungen belastet rotieren, so sieht man wieder die Möglichkeit, Torsionsschwingungen aufzunehmen, indem man *A.M.* durch einen Oszillographen ersetzt.

Natürlich ist oben vorausgesetzt worden, daß zwischen Schleifringen und Bürsten ein inniger, unveränderlicher Kontakt herrscht; ist ein solcher nicht vorhanden, so können die erregten Ströme selbstverständlich auch durch diesen Umstand herbeigeführt sein.

Die Güte der Kontakte ließe sich prüfen, wenn man sicher wäre, daß keine Schwingungen in der Welle, noch im Meßrohr auftreten.

Zum Schlusse sei noch erwähnt, daß an Stelle der Induktionsspulen *A* und *B*, Fig. 23, ebenso gut die Belege eines Kondensators treten können, was eine Schaltung ähnlich der im Abschnitt Allg. Gesichtsp. gezeigten ergeben würde. Auch könnte man die Anordnung der Fig. 22 für sehr kurze Wellenlängen brauchbar gestalten, wenn man die Spulen *A* und *B* durch eine von der Wellenverdrehung abhängige Selbstinduktion (*A* und *B* in Serien schalten) oder

[53]) Hier könnte mit Vorteil der in Fig. 10, Seite 29, vorgeschlagene Stromdetektor Anwendung finden.

veränderliche Kapazität ersetzte, durch welches Vorgehen es möglich würde, entweder durch Feinmessungen oder durch Erzeugung von elektrischer Resonanz auf die Größe der Verdrehung einen Rückschluß zu tun. Es bietet sich hier eine Fülle von Möglichkeiten, auf die wir aber leider nicht näher eingehen können[54]).

Im folgenden soll noch ein Apparat beschrieben werden, der mit dem vorhergehenden insofern eine Ähnlichkeit hat, als bei ihm auch ein Meßrohr zur Verwendung gelangt; sein Aufbau entspricht jedoch mehr den mechanischen Torsionsindikatoren; er unterscheidet sich

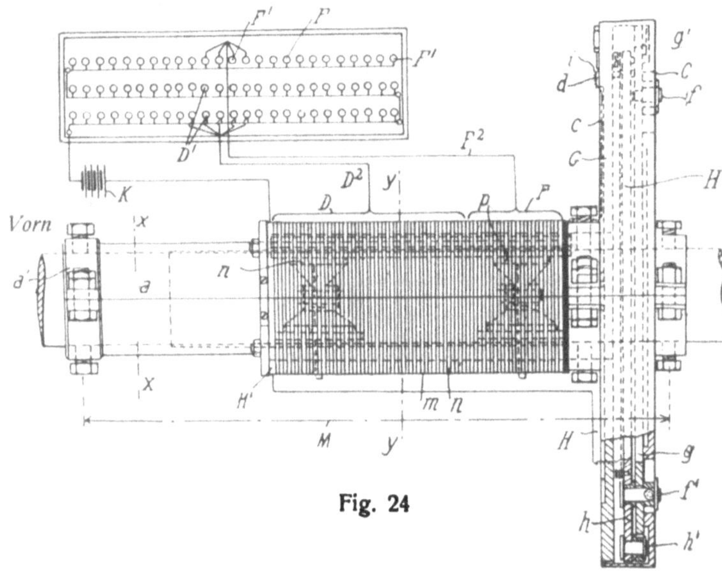

Fig. 24

von diesen nur wesentlich durch die Art, in der die Verdrehung bei ihm zur Anzeige gelangt. Wir gehen zu der Beschreibung über.

Der Verdrehungsfernanzeiger von Rangdale.[55])

Fig. 24 zeigt die Gesamtanordnung des Rangdaleschen Apparates. *a* ist das bekannte Meßrohr; dasselbe ist bei *a'* auf der Welle

[54]) Man könnte hier mit Recht den Einwand geltend machen, daß Veränderungen in der Luftfeuchtigkeit, der Temperatur, dem Druck usw. die elektrischen Messungen ungünstig beeinflussen könnten, und obwohl theoretisch ein solcher Einfluß nicht abzuleugnen ist, so verhält sich die Sache praktisch doch so, daß etwaige durch diese Änderungen erzeugte Fehler nur von ganz untergeordneter Bedeutung sein können, und zudem hat man es in der Hand, durch Anwendung genügend hoher Periodenzahlen der Wechselströme und Spannungen ihren direkten Einfluß auf die Messungen ganz zu beseitigen.

[55]) Englisches Patent 2632/08. Revue de Mécanique, Tome XXVI, No. 2, 28. Février 1910, P. 153 f.

b festgeklemmt und trägt am entgegengesetzten Ende eine Scheibe *G*. Letztere ragt in eine zweite mit der Welle *b* starr verbundenen Scheibe *e* hinein.

Die Scheiben *G* und *e* entsprechen unseren im Früheren stets mit I und II bezeichneten Scheiben. *M* ist die Meßlänge. Die gegenseitige Bewegung der Scheiben *G* und *e* wird auf einen Hebelmechanismus *g'*, *f*, *h*, *f'*, *g*, *i* übertragen, Fig. 25. Der Drehpunkt *g'* ist auf *G* befestigt. Die Drehpunkte *f*, *f'* sind auf *e* verschiebbar gelagert. Tritt eine Verdrehung der Welle ein, so wird *g'* durch *G* auf einem Bogen geführt; hierbei bleibt *f* in *e*, und der Hebel *g* gibt in *h'* einen stark

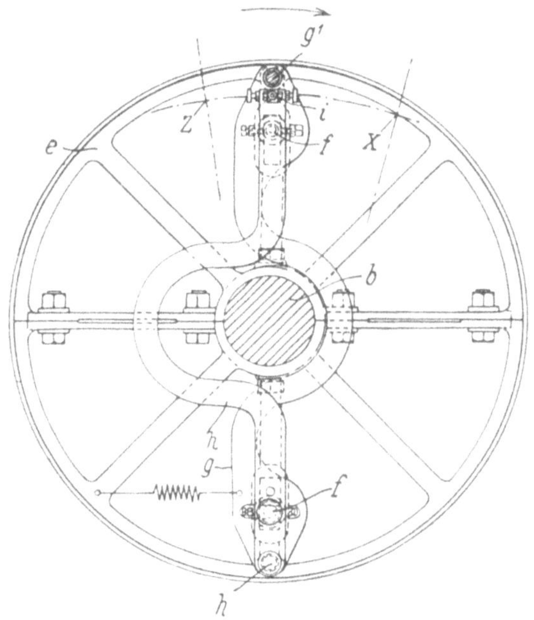

Fig. 25

vergrößerten Ausschlag. Der Hebel *h* ist auf *f'* drehbar gelagert. Die Bewegung von *h'* wird *h* mitgeteilt; dabei gleitet *f'* in *e*, und das Ende *i* von *h* beschreibt die flache Kurve *x*-*z*, Fig. 25. Eine Feder hält die Hebel in Position.

Der Hebelmechanismus *g'*, *f*, *h*, *f'*, *g*, *i* hat also den Zweck, die geringe Bewegung der Scheiben *G* und *e* gegeneinander stark zu vergrößern.

Des leichteren Verständnisses halber ist in Fig. 26 der Hebelmechanismus gestreckt aus der Patentzeichnung heraus gezeichnet.

Hebel *g* und *h* der Fig. 24, 25 sind in Fig. 26 mit *A* und *B* bezeichnet. Der mit *G* verbundene Punkt *g'* ist in Fig. 26 mit 1 bezeichnet. *s*, *s'* soll die Drehung von *G* gegen *e* bezeichnen oder von I gegen II. Die Drehpunkte *f* und *f'*, Fig. 24, 25, sind in Fig. 26 mit P_{II} und Q_{II} bezeichnet. Der Drehpunkt *h'* ist durch 2 ersetzt und der Punkt *i* durch 3.

Wird der Punkt *1* auf *ss'* durch I geführt, so gleiten P_{II}, Q_{II} in II und die Hebel *A* und *B* führen entsprechende Drehungen aus. Wird im besonderen *1* um einen Bogen von *ss'* mit Sehne *l* bewegt, so beschreibt 2 den flachen Bogen *rr'*, und 3 die Kurve SS_1, deren

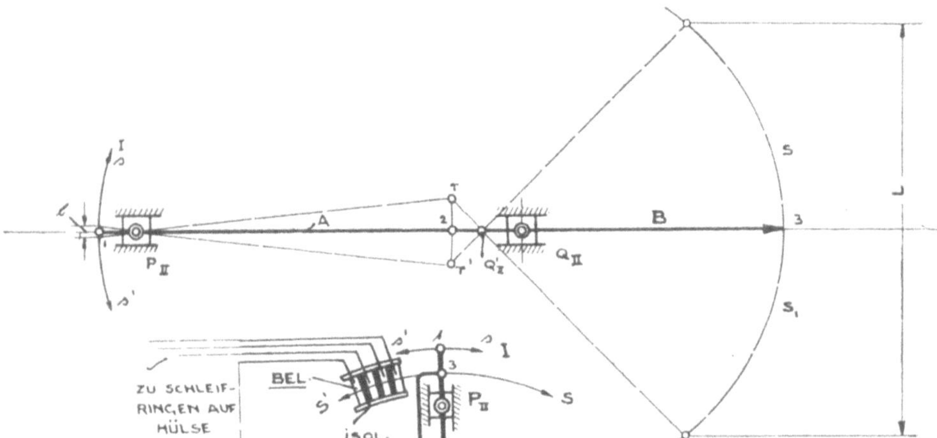

Fig. 26

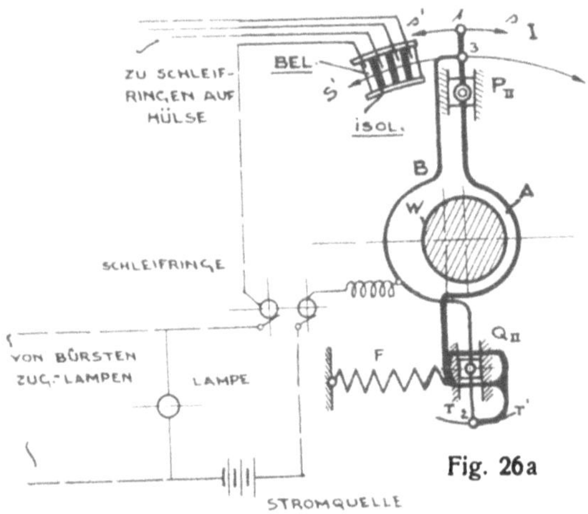

Fig. 26a

Sehne *L* ist. Hierbei rückt Q_{II} nach Q_{II}'. Man sieht jetzt leicht, wie die Vergrößerung der Verdrehung zu stande kommt.

In Fig. 26a ist die Anordnung der Fig. 26 wieder in die der Fig. 25 der Patentschrift verwandelt worden. *W* ist die Welle *b* der Fig. 24, 25. Im übrigen ist die Fig. 26a nach dem, was über Fig. 26 gesagt wurde, ohne weiteres verständlich.

Die Hebel *A* und *B*, Fig. 26a, bzw. *g* und *h*, erhalten die eigentümlich gekröpfte Form, damit sie ungehindert durch die Welle ihre Bewegungen ausführen können. Wie man leicht sieht, bewegt sich *A* verhältnismäßig wenig, *B* dagegen viel mehr; daher hat *B* bzw. *h* eine größere Kröpfung als *A* bzw. *g*.

Der Hebel *A* bzw. *g* ist unten ausgenommen, um die Bewegungen von *QII* bzw. *f'* zuzulassen, da *B* bzw. *h* über *A* bzw. *g* gelagert ist. Die Feder *F*, Fig. 26a, hält die Hebel in Stellung. Das Ende 3 bzw. *i* des Hebels *B* bzw. *h* trägt einen Kontaktstift. Derselbe schleift auf Metallsegmenten, die voneinander durch eine dünne isolierende Schicht getrennt sind und längs des Ausschlagbogens *x*-*z*, Fig. 25, von *i* auf *G*, Fig. 24, befestigt sind, ähnlich wie in Fig. 26 auf dem Bogen *S S'* von 3 angedeutet.

Mit jedem der Metallsegmente ist ein gegen die Welle isolierter Leitungsdraht verbunden und führt zu je einem besonderen Schleifringe auf der Hülse *a*. In Fig. 24 ist ein solcher Schleifring mit *m* und die gegenseitige Isolation mit *n* bezeichnet. Hinter den Schleifringen in Fig. 24 sind die gestrichenen Schleifbürstenhalter *p* zu sehen, die zu diesen Ringen gehören. Von dem Hebel *h* führt eine Leitung *H* zu einem besonderen Schleifringe *H'* auf der Hülse.

Die Bürste dieses Ringes ist mit einer Stromquelle *K* verbunden. Letztere ist mit einem Glühlampenbrett *F*, welches oben links in Fig. 24 zu sehen ist, verbunden und an die einzelnen Lampen dieses Brettes in der aus Fig. 24 ersichtlichen Weise angeschlossen. Von einem Teil der Lampen gehen Leiter *D'* zu einem gemeinsamen Leiter D^2. Dieser ist mit den Schleifbürsten, die über den Bereich *D* der Hülse verteilt sind, verbunden. Ein anderer Teil der Lampen ist durch Leiter *F'* mit dem Leiter F^2 verbunden, der zu den Bürsten des Bereiches *F* der Hülse führt.

Befindet sich der Kontaktstift *i* auf einem der Metallbelege oder Segmente, so fließt ein Strom von *K* zur entsprechenden Glühlampe, versetzt diese ins Glühen, geht auf einem der Leiter *D* oder *F* zu einem der Schleifringe auf Hülse *a*, von diesem zu dem betreffenden Segment und von hier über *i* und Hebel *h* und Leiter *H* nach *H'* und von hier nach *K* zurück.

In Fig. 26a ist die Schaltung für ein Segment herausgezeichnet und nach Obigem ohne weiteres verständlich.

Die Gruppen *D* und *F* der Schleifringe bzw. Glühlampen entsprechen dem Voraus- oder Zurückfahren bei einem Dampfer.

Man sieht leicht, daß bei einem solchen der Rückleiter *H* mit Schleifring *H'* fortfallen kann, sowie der gemeinsame Leiter der Glühlampen, da dieser durch den Schiffskörper ersetzt wird.

Die Schaltung ist so getroffen, daß, im Falle der Kontaktstift *i* gerade zwischen zwei Belegen steht, zwei Glühlampen zu leuchten anfangen.

Bei dieser Vorrichtung wird also aus der Lage der jeweiligen leuchtenden Glühlampe auf die Stellung von *i* auf dem Bogen *x-z*, Fig. 24, 25, zurückgeschlossen, resp. auf die Verdrehung der Welle selbst.

Es ist wohl unnötig, an dieser Stelle darauf hinzuweisen, daß die Lampenschaltung in den verschiedensten Weisen variiert werden kann, so z. B., daß mit zunehmender Kraftübertragung durch die Welle immer mehr und mehr Lampen nacheinander eingeschaltet werden. Dieses Vorgehen wird jedoch im Interesse der Stromersparnis nicht besonders zu empfehlen sein.

Jeder Lampenstellung auf dem Brette *F* entspricht ein gewisser Wert der Verdrehung; jede Lampe kann natürlich ihrer Lage nach auch bei einer gewissen Umdrehungszahl eine gewisse Anzahl Krafteinheiten anzeigen.

Da diese Vorrichtung von Rangdale bis auf die Art, in der die Verdrehungsanzeige nach außen bewirkt wird, vollkommen mit einem mechanischen Torsionsindikator übereinstimmt, so soll hier nicht weiter auf diesen Teil eingegangen werden, da die entsprechenden Erörterungen über die mechanischen Torsionsindikatoren einen mehr als in den Stand setzen, den mechanischen Teil dieser Vorrichtung sachgemäß zu beurteilen, wozu noch bemerkt werden mag, daß eine Verwendung desselben bei hohen Tourenzahlen usw. zu schweren Bedenken Anlaß geben wird. (Vergl. Abschnitt: Die mech. Methoden.)

Was den elektrischen Teil anbelangt, so ist die Idee der Verdrehungsanzeige mittels Lampen, die natürlich durch Stromanzeiger irgendeiner anderen Art ersetzt werden kann, an und für sich sehr schön, doch erscheint die Anbringung der isolierten Schleifringe, die, wie leicht verständlich, geteilt sein müssen, mit ihren entsprechenden Bürsten recht umständlich. Es ist auch leicht einzusehen, daß bei sehr schnellen Bewegungen des Hebels *h* mit seinem Kontakt *i* den Lampen nicht die Zeit gelassen wird, die sie zum Aufleuchten benötigen.

Hier käme das im Abschnitt: Die optischen Methoden, Gesagte in Frage.

Sollen solche Stellungen des Hebels festgestellt werden, so kann dieses am sichersten bei Verwendung von Wechselstrom und durch Zwischenschaltung eines Kondensators erreicht werden, wobei natürlich alle Lampen brennen müßten und durch das plötzliche Ausgehen verschiedener derselben die entsprechenden Stellungen des Hebels *h* bzw. des Kontaktes *i* angezeigt würden.

Ein Schwanken der Stromstärke zwischen annehmbaren Grenzen, sowie Änderungen in den Kontakten der Ringe und Bürsten und zwischen den Metallsegmenten und *i* hat auf die Verdrehungsanzeige bei dieser Vorrichtung keinen Einfluß.

Der wunde Punkt der Anordnung ist in der Größe der Hebelübersetzung zu finden; sieht man von diesem ab, so ist die Anordnung im Prinzip gut, da Fehler, die sich über eine ganze Skala hin erstrecken, bei ihr absolut ausgeschlossen sind; auch haben Kontaktänderungen usw., wie schon angedeutet, keinen Einfluß auf die Messungen. Wird also die Vergrößerung der Verdrehung auf der Welle nicht durch Trägheitskräfte usw. beeinträchtigt, so ist mit Sicherheit anzunehmen, daß der Apparat fehlerfreie Verdrehungsanzeigen geben wird.

Als besonderer Vorteil des Apparates sei noch erwähnt, daß derselbe auf seiner Welle mit dieser direkt geeicht werden kann, also im ruhenden Zustande, wie aus der Anordnung leicht hervorgeht.

Wir kommen jetzt zur Besprechung eines letzten Prinzips zur Verdrehungsmessung. Um ein wirklich neues Prinzip handelt es sich eigentlich nicht, da, wie wir sogleich sehen werden, nur Mittel und Wege geboten werden, einen intermittierenden Strom zu erzeugen, der in seiner Dauer der Größe des jeweilig vorhandenen Verdrehungswinkels proportional ist, aus dessen Verlauf dann rückwärts die Verdrehung bestimmt werden kann.

Der erste, der zur Kraftmessung dieses Prinzips herangezogen hat, ist, wie es scheint, der Franzose Gaiffe[56]) gewesen, dem 1903 in

[56]) Brevet d'Invention, 16. Avril 1903, No. 331 253, D. R. P. No. 166 057, 26. April 1903.

Deutschland und Frankreich ein Dynamometer patentiert wurde, bei dem die Verdrehung einer Feder durch einen Strom gemessen wurde, der in seiner Dauer der Größe der Verdrehung proportional war; Gaiffe hat seine Patente verfallen lassen.

Als erstes Beispiel dieses Verfahrens zur Verdrehungsmessung möge der

Torsionsfernanzeiger von Gardner.[57])

dienen.

In Fig. 27 ist eine Welle *W* mit ihrem Propeller und der Antriebsturbine dargestellt; zwei Flanschen der Welle werden von je

---

[57]) Gibson a. a. O., P. 156 und Pl. XVII, Fig. 1; Engineering, Feb. 7, 1908, P. 198; Revue de Mécanique, 28. Février 1910, P. 162. (Es muß hier bemerkt werden, daß die beiden letzten Quellen Gibson's kurze Erwähnungen und die entsprechende Figur der Gardnerschen Anordnung wiedergeben. Da Gibson's Beschreibung nicht zu seiner Figur der Gardnerschen Anordnung paßt, so muß es befremdend wirken, daß zwei Zeitschriften wie die Engineering und die Revue de Mécanique beide in Gibson's Fehler verfallen.)

einem zweiteiligen Kontaktband S_I und S_{II} umgeben. Diesem gegenüber sind Kontaktbürsten B_I und B_{II} angebracht. B_I und B_{II} sind in der aus Fig. 27 ersichtlichen Weise mit einem gemeinsamen Leiter verbunden, der zu einem Stromanzeiger oder einem Galvanometer G führt, von da zur Stromquelle E und als Schleifbürste auf der Welle W endigt, (In Fig. 27 ist der Schleifring durch die Erdung A—A, A'—A' ersetzt).

Die Kontaktbänder, deren Anbringung aus Fig. 27 unten zu ersehen ist, bestehen abwechselnd aus gleich breiten Metall- und

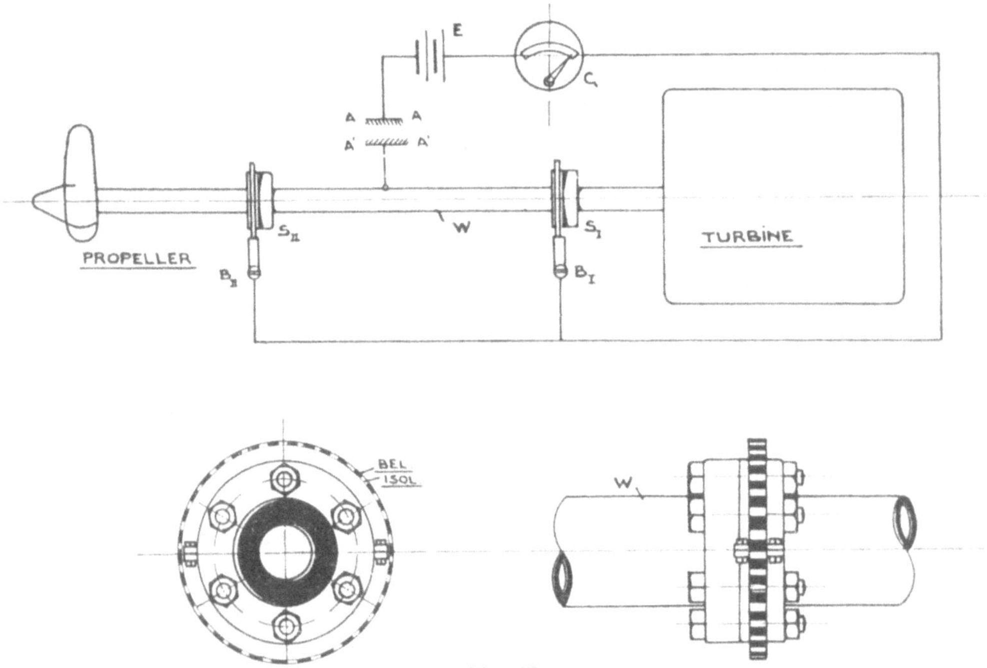

Fig. 27

Isolationsstücken. Die Metallstücke sind mit der Welle leitend verbunden.

Bei der in Fig. 27 gezeigten Schaltung können die Kontaktbänder S_I und S_{II} im besonderen gegeneinander bei spannungsloser Welle in zwei Weisen eingestellt werden: Entweder werden sie so eingestellt, daß jedem Metallbelag von S_I ein solcher von S_{II} genau gegenüber liegt, oder sie werden so eingestellt, daß jedem Metallbelag von S_I ein Isolationsbelag von S_{II} genau gegenüberliegt.

Im ersteren Falle wird bei spannungsloser rotierender Welle ein unterbrochener Strom von E zur Welle und von dieser nach S_I und S_{II} abzweigend nach G fließen. Ist die Wellenumdrehungszahl eine genügend hohe, so wird das Galvanometer G einen Dauerausschlag zeigen. G kann so eingestellt werden, daß der Zeiger hierbei auf Null steht.

Tritt eine Verdrehung der Welle ein, so verschieben sich die Belege gegeneinander, und die Bürsten B_I und B_{II} machen zur gleichen Zeit nicht mehr auf der ganzen Breite eines Metallstreifens Kontakt, d. h. wenn die eine gerade auf einen Isolationsstreifen übergeht, so befindet sich die andere noch auf einem Metallstreifen.

Die Zeitdauer des gemeinsamen Stromes über B_I und B_{II} ist also von der Größe der Verdrehung abhängig, oder die einzelnen Stromimpulse über B_I und B_{II} erfolgen nicht mehr gleichzeitig, sondern entsprechend der Verdrehung gegeneinander verschoben, wodurch der Dauerausschlag von G entsprechend beeinflußt wird.

Im zweiten Falle, bei denen die Kontaktbänder um einen Belag gegeneinander verschoben sind, ist der Stromverlauf ein ganz analoger. Bei spannungsloser Welle erfolgen die Stromstöße über B_I und B_{II} abwechselnd, um bei immer größer werdender Verdrehung der Welle sich immer mehr und mehr einem Punkte zu nähern, bei dem sie zu genau gleicher Zeit erfolgen.

Die beiden oben genannten Fälle sind sich also im Grunde genommen identisch; der Stromverlauf des einen bei spannungsloser Welle geht in den des anderen bei belasteter Welle über, sobald eine genügend große Verdrehung vorhanden ist (Welle um Belegbreite verdreht), und umgekehrt.

Die Belegbreite ist also unter sonst gleichen Umständen bei dieser Anordnung durch die maximal zu übertragende Kraft, resp. durch die maximale Verdrehung, bedingt. Und bei einem festliegenden Kupplungs- oder Scheibendurchmesser wird die Anzahl der Belege, die auf dem Umfange derselben untergebracht werden können, von der kleinsten Kontaktbreite, die der größten Kraftübertragung entspricht, abhängen. Damit die Teilung glatt vorzunehmen ist, muß erstere auf ein Vielfaches von π, ähnlich wie bei Zahnrädern, abgerundet werden.

Es ist wohl unnötig, hier hinzuzufügen, daß, je mehr Kontaktstellen sich auf S_I oder S_{II} befinden, desto eher G einen Dauerausschlag bei festgesetzter Tourenzahl anzeigen wird, und dieser der mittleren Verdrehung der Welle entsprechen wird.

Von anderen Fehlermöglichkeiten abgesehen, liegt die Hauptfehlermöglichkeit dieser Anordnung in der Veränderlichkeit der Kontakte zwischen S_I, B_I und S_{II}, B_{II}. Es kommt also hier neben der Abnutzung noch der Umstand hinzu, der bei der Wechselstromkurvenaufnahme mit Kontaktmachern so störend empfunden wird. Man kann daher zu einem Abhilfemittel greifen, welches bei der Kurvenaufnahme meist Anwendung findet; es handelt sich hier um die Zwischenschaltung eines Kondensators[58]).

Im Folgenden soll eine andere Methode zur Verdrehungsmessung in Vorschlag gebracht werden, an der die Art der Verwendung des Kondensators näher dargetan werden mag.

In Fig. 28 stellt *e* eine Welle dar, an der die Kraftmessung vorzunehmen ist. Die Scheiben *a* und *b* sind mit derselben in entsprechender Entfernung voneinander leitend verbunden und auf derselben befestigt.

Die Scheibe *a* erhält Einschnitte, die mit Isolationsmasse ausgefüllt werden. Hierdurch entstehen auf *a* Kontaktflächen *c* und Isolationsflächen f_1, f_2, f_3, Fig. 29. Die Scheibe *b* erhält Kontaktflächen *d*, die den Kontaktflächen *c* genau der Lage nach entsprechen, nur daß die

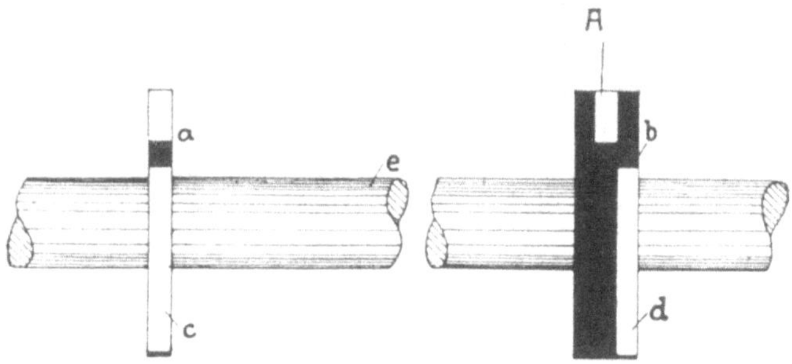

Fig. 28

auf *b* in verschiedenen Ebenen liegen. Der Zwischenraum ist, wie in Fig. 29 angedeutet, mit Isolationsmasse gefüllt.

Der Scheibe *a* gegenüber ist eine mittelst der Vorrichtung *h* konzentrisch zu ersterer verschiebbare Kontaktbürste g_1 angeordnet.

Der Scheibe *b* gegenüber sind an entsprechenden Stellen zu diesen konzentrisch verschiebbare Kontaktbürsten g_2, g_3, g_4 angebracht; diese liegen, wie die Kontaktflächen *d*, in verschiedenen Ebenen.

Die Bürsten g_2, g_3, g_4 sind durch Leiter 2, 3, 4 mit der Bürste g_1 über das Galvanometer *m*, einen hohen Widerstand *k*, einer Stromquelle *i* und Leiter 1 leitend verbunden. Parallel zum Galvanometer *m* und dem Widerstand *k* ist ein Kondensator *l* geschaltet. Die Scheiben *a* und *b* sind um den Bogen $c=d$ gegeneinander versetzt.

[58]) Niethammer und Orlich, Kurvenaufnahme a. a. O.

Bei spannungslos rotierender Welle werden die Bürsten g_1, g_2, g_3, g_4 so lange eingestellt, bis das Galvanometer *m* keinen Strom anzeigt; dies ist der Fall, wenn in jedem Moment, in dem die Bürste *g* anfängt, mit einer der Flächen *c* auf *a* Kontakt zu machen, die der Stellung entsprechende Bürste auf *b* eben eine Kontaktfläche *d* auf *b* verläßt, d. h. sich mit den andern auf der Isolation befindet. Der Umstand, daß bei spannungsloser Welle diese Vorrichtung keinen Strom verbraucht, bedeutet eine Stromersparnis.

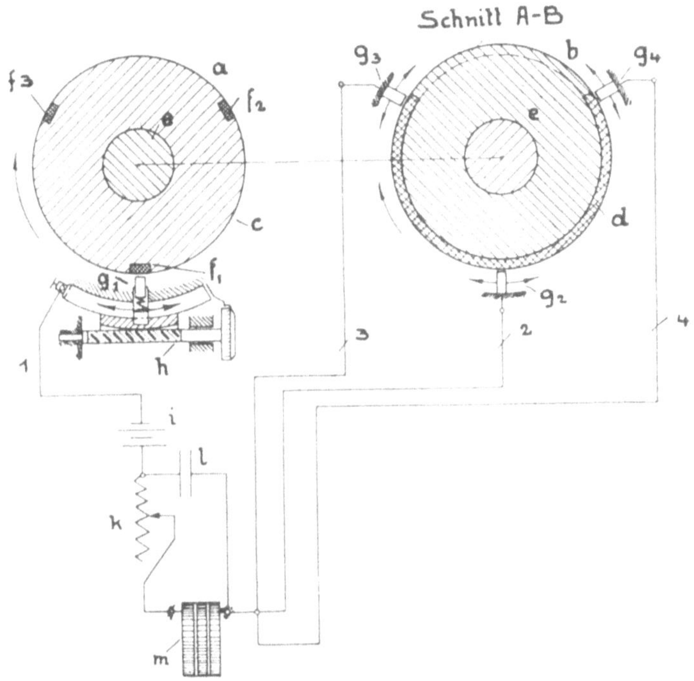

Fig. 29

Tritt dagegen eine Verdrehung der Welle ein, so wird, im Falle die Kraftübertragung von *a* nach *b* vor sich geht, die Scheibe *b* der Scheibe *a* nacheilen, d. h. in dem Augenblick in dem g_1 mit *c* Kontakt macht, befindet sich die entsprechende Bürste noch auf *d* und hat, während g_1 fortfährt mit *c* Kontakt zu machen, auf *d* noch einen von der jeweiligen Umdrehung abhängigen Weg bis zur Isolation zurückzulegen.

Macht aber eine Bürste auf *b* gleichzeitig mit der auf *a* mit der Welle Kontakt, so fließt ein Strom durch die Welle, der zum Teil vom Galvanometer *m* angezeigt wird. Der andere Teil des Stromes fließt durch den Kondensatorstromkreis. Wird der Strom auf der Welle hierauf unterbrochen, so entladet sich der Kondensator *l* über den hohen Widerstand *k* und das Galvanometer *m*.

Beide Stromimpulse werden von der Größe der Verdrehung abhängen und daher der Gesamteinfluß auf den Galvanometerausschlag ein der Verdrehung proportionaler sein.

Die einzelnen Vorgänge lassen sich mathematisch verfolgen. Hat *m* eine Selbstinduktion L, *k* einen Widerstand r_1 und der Kondensatorkreis eine Kapazität C und Widerstand r_2, so ist, wenn der Strom im Galvanometerkreis mit i_1 und der im Kondensatorkreis mit i_2 bezeichnet wird,

$$i_1 r_1 + L \frac{di_1}{dt} = e_1$$

$$i_2 r_2 + \frac{1}{C} \int i_2 \, dt = e_2$$

wo e_1 und e_2 die Teilspannungen der einzelnen Stromkreise bedeuten. Zudem ist noch der Gesamtstrom I durch die Welle

$$I = i_1 + i_2 = \frac{E}{R}$$

wo E die Spannung der Stromquelle *i* und R der effektive Widerstand der Gesamtleitung bedeutet.

Für die Kondensatorentladung gilt, wenn hierbei der momentane Strom mit i bezeichnet wird:

$$(r_1 + r_2) i + \frac{1}{C} \int i \, dt + L \frac{di}{dt} = 0.$$

Die Kondensatorentladung erfolgt, nachdem auf der Welle Kontakt gemacht worden ist, nach Verstreichen von $t = \frac{60}{n} \frac{\Theta}{2\pi}$ Sekunden, wo Θ gleich dem Verdrehungswinkel und n gleich der Umdrehungszahl der Welle ist. Nach Früherem ist

$$\Theta = f(t) \quad \text{(S. 56).}$$

Hier ist noch zu bemerken, daß in praktischen Fällen die Selbstinduktion L des Galvanometerkreises außerordentlich gering ist, natürlich nur bei Verwendung des Seitengalvanometers.

Ist der momentane resultierende Strom bei rotierender Welle im Galvanometer gleich C, so gilt für dessen Schwingungssystem, wenn das Trägheitsmoment des schwingenden Teiles um seine Drehachse mit T, das Reibungsmoment für die Winkelgeschwindigkeit $\frac{d\varphi}{dt} = 1$ mit $2K$, das Richt- oder Rückstellmoment für die Drehung $\varphi = 1$ mit n^2 und endlich das erzwingende Moment für den Strom $C = 1$ mit A bezeichnet wird:

$$T \frac{d^2\varphi}{dt^2} + 2K \frac{d\varphi}{dt} + n^2\varphi = AC$$

woraus sich der Dauerausschlag des Galvanometers berechnen läßt.

Dieser Fall entspricht in gewissem Sinne genau dem früher behandelten des an einer Feder hängenden Gewichtes. Wir haben früher gesehen, wie, trotzdem die Aufhängung eine bestimmte Bewegung ausführt, das Gewicht absolut in Ruhe bleibt.

Der Kondensator *l* hat den Zweck, Ungenauigkeiten in den Kontakten auszugleichen, indem er in dem Augenblick, in dem der geringste Kontakt mit der Welle *e* auf den Scheiben *a* und *b* erfolgt, die der Stromquelle entsprechende Spannung *E* annimmt.

Wegen des hohen Widerstandes *k* und der Selbstinduktion *L* im Galvanometerstromkreis kann man sich die Wirkung von *l* auch als eine Feder- oder Pufferwirkung erklären. Erfolgt ein Stromimpuls, so nimmt er denselben in sich auf und schickt ihn hierauf über *k* durch das Galvanometer *m*.

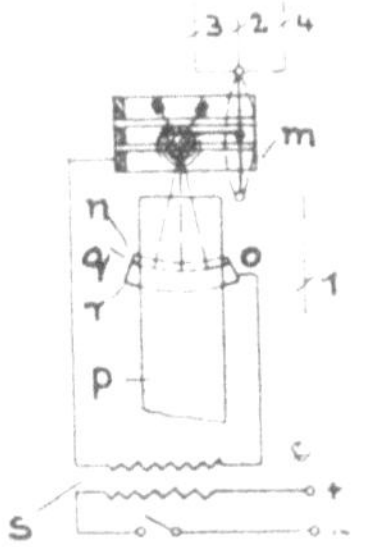

Fig. 30

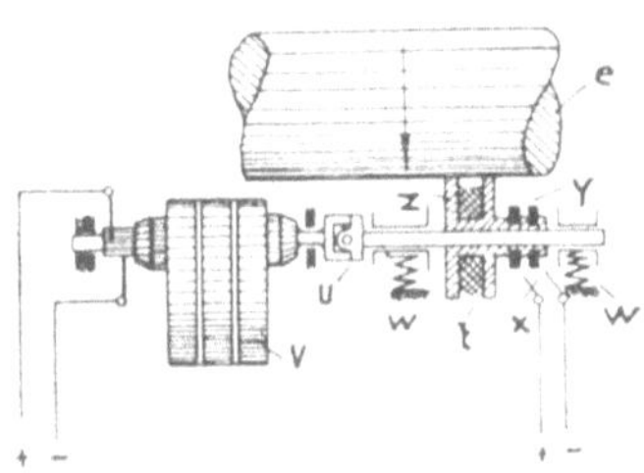

Fig. 31

Endlich kann der Kondensator *l* als Ausgleicher angeordnet werden, indem sich die verschiedenen Impulse ausgleichen, um über *m* und *k*, die einmal pro Umdrehung mit *l* kurz geschlossen werden, sich zu entladen[59]).

Wird der Strom der Quelle *i* durch die Wellenumdrehung erzeugt, so wird analog früheren Fällen der Ausschlag des Galvanometers *m* von der Welle *e* übertragenen Leistung proportional sein. (S. 41.)

Zum Antrieb der Stromquelle *i* von der Welle aus soll die in Fig. 31 gezeigte Anordnung verwendet werden.

v ist eine Magnetmaschine; dieselbe ist mittels eines Kardangelenkes *u* an eine Magnetrolle[60]) *z* angeschlossen. Die Lagerung derselben wird mittels Federn *w* an die Welle gedrückt. Die Rolle *z* ist

---

[59]) Hier sei erwähnt, daß die Parallelschaltung des Kondensators auch dazu dienen kann, die Selbstinduktion des Galvanometerstromkreises aufzuheben. Die Bedingungen hierfür sind: Es darf keine Selbstinduktion im Kondensatorstromkreis vorhanden sein und $C = \frac{L}{r_1^2}$; $r_1 = r_2$.

[60]) Mader a. a. O.

mit einer Wickelung *t* versehen. Die Stromzuführung erfolgt mittels Schleifringen *y* und Bürsten *x*, wovon ein Paar unnötig wird, wenn der eine Zuführungsdraht an der Lagerung geerdet wird. Die Kardangelenk und Federanordnung ist wegen dem Wellenspiel vorgesehen.

Das Galvanometer *m* kann, wie in Fig. 30 gezeigt, registrierend ausgebildet werden.

Dasselbe besteht, wie aus Fig. 30 ersichtlich, aus einem im Felde von permanenten Magneten aufgespannten Leiter. Dieser ist mit einem ausgeglichenen leichten Zeigersystem durch einen feinen ausgeglühten Draht verbunden. Bewegt sich der Leiter, so zeigt das Zeigersystem einen entsprechenden Ausschlag.

Um bei der Registrierung alle unnötige Reibung auszuschalten, soll dieselbe mittels Funken erfolgen. Zu diesem Zwecke ist ein Induktionsapparat *s* vorgesehen. Die sekundäre Spule ist mit dem Gehäuse des Galvanometers *m* sowie mit einem Metallsegment *r* verbunden. Über *r* ist das Registrierpapier *p* gespannt. Die Kante von *r* liegt auf dem Schwingungsbogen des Zeigers von *m*; der Teil *n* besteht aus Isoliermasse *o q*. Mit dieser Anordnung soll erreicht werden, daß die Funken vom Zeiger auf dessen Schwingungsbogen *o q* durch *p* auf *r* übergehen.

Um nicht unnötig Strom zu verbrauchen, kann der Unterbrecher im primären Stromkreis von *s* zu genau festgesetzten Zeiten in Tätigkeit gesetzt werden.

An Stelle von *m* kann auch ein Elektrizitätszähler treten, dessen Anzeigen der von der Welle für eine bestimmte Zeit übertragenen Leistung entsprechen.

Der Elektrizitätszähler kann auch aus einem Voltameter bestehen, also elektrolytischer Natur sein.

Die in Fig. 28 bis 31 gezeigte Anordnung ermöglicht wegen der geringen Trägheit seiner Galvanometeranordnung die Feststellung der Verdrehung an drei Stellen der Umdrehung. Soll dieselbe an mehreren Stellen festgestellt werden, so müssen die Scheiben *a* und *b* eine entsprechende Zahl Kontaktstellen erhalten und *b* eine entsprechende Anzahl Bürsten erhalten.

Durch das Verlegen der Kontaktstücke auf *b* in verschiedenen Ebenen ist die Orientierung gesichert, indem durch Abheben aller Bürsten auf *b*, eine ausgenommen, man genau weiß, welcher Stelle der Umdrehung die Anzeige von *m* entspricht[61]).

[61]) Bei der Gardnerschen Anordnung kann die Orientierung dadurch erfolgen, daß die Belege nicht direkt leitend mit der Welle verbunden werden,

Die Gardnersche Anordnung (Fig. 27) kann durch Änderungen der Stromstärke ihrer Stromquellen beeinflußt werden. Durch Verwendung der Magnetmaschine ist die Möglichkeit der Beeinflussung der Resultate in dieser Richtung bei der in Fig. 28 bis 31 vorgeschlagenen Anordnung so weit wie möglich ausgeschlossen.

Die Vorrichtung *h* (Fig. 29) ist nur zur Eichung bei dieser Anordnung vorgesehen. Dieselbe wird dann derart vorgenommen, daß bei spannungsloser rotierender Welle die Bürsten wie früher so eingestellt werden, daß *m* keinen Strom anzeigt. Dieser Zustand entspricht der Nullstellung.

Hierauf wird mit Hilfe der Vorrichtung *h* die Bürste g_1 um be-

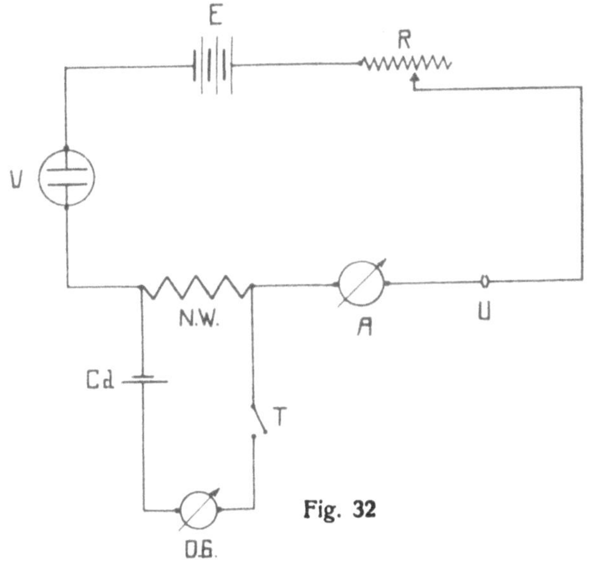

Fig. 32

stimmte Beträge konzentrisch zur Welle verschoben, und die korrespondierenden Ausschläge des Galvanometers werden aufgenommen. Auf diese Weise erhält man die Galvanometeranzeigen in Abhängigkeit der Wellenverdrehung.

Während des Betriebes wird die Vorrichtung *h* gegen Bewegung gesichert.

Zur genauen Leistungseichung kann die in Fig. 32 gezeigte Schaltung benutzt werden[62]). Die Galvanometerstromstärke ist in

sondern nacheinander mittels eines Differentialgetriebes mit dieser verbunden werden. Dasselbe gilt für die später beschriebene Anordnung von Barr und Stroud.

[62]) Im Physikalischen Laboratorium (Prof. R. A. Lehfeldt, D. Sc.) der Transvaal University College, Johannesburg, gebräuchlich zur Bestimmung chemischer Wertigkeiten.

Fig. 32 durch die Stromquelle *E* ersetzt zu denken. *R* ist ein Regulierwiderstand, *V* ein Voltameter, *NW* ein Normalwiderstand, *A* ein Ampèremeter und *U* ein Stöpselunterbrecher.

An *NW* ist ein Cadmium- oder Clark-Normalelement *Od* angeschlossen; in demselben Stromkreis befindet sich noch ein D'Arsonval-Galvanometer *DG* und mit Hilfe des Widerstandes *R* wird der Strom so einreguliert, daß der Spannungsabfall an den Klemmen von *NW* genau der Spannung von *Cd* entspricht. Wird unter diesen Voraussetzungen der Taster *T* herabgedrückt, so darf das Galvanometer *DG* keinen Ausschlag zeigen. Während des Versuches wird durch öfteres Herabdrücken von *T* der Spannungsabfall kontrolliert.

Ist *V* Volt die Spannung des Normalelementes und $n\Omega$ der Widerstand von *NW*, so ist der durch *NW* fließende Strom, wenn das D'Arsonval-Galvanometer *DG* keinen Ausschlag zeigt, gleich $\frac{V}{n}$. Bei konstanter Tourenzahl werden dann die Niederschlagsmengen im Voltameter von dem Verdrehungswinkel abhängen, der mittels der Vorrichtung *h* nachgeahmt wird.

Hier soll zum Schluß noch kurz auf eine Methode zur Verdrehungsmessung eingegangen werden, die von Änderungen in der Stromstärke ihrer Stromquelle nicht beeinflußt wird.

Der Verdrehungsfernanzeiger von Barr und Stroud.[63]

Fig. 33 zeigt die Anordnung dieses Apparates. *W* ist die Welle, an der die Verdrehungsmessung vorgenommen werden soll. S_{I}, S_{II} sowie B_{I} und B_{II} sind Kontaktscheiben, wie bei der Gardnerschen Anordnung. *E* ist die Stromquelle.

Die Scheiben sind so eingestellt, daß bei rotierender unbelasteter Welle eine Bürste stets gegen die Welle isoliert ist, wenn die andere mit derselben Kontakt macht. Es kann also bei unbelasteter Welle kein Strom zwischen S_{I} und S_{II} übergehen. Erleidet die Welle aber durch Belastung eine Verdrehung, so eilt, wie bei der vorhergehenden Methode, die eine Scheibe gegen die anderen entsprechend der Verdrehung nach. Aus diesem Grunde wird die eine Bürste noch in Kontakt mit der Welle sein, wenn die andere gerade mit derselben in leitende Verbindung tritt. Die Folge ist, daß ein Strom von *E* über *a*, B_{II}, S_{II}, *a*, S_{I}, B_{I}, *aa* durch die Galvanometer-

[63]) Englisches Patent No. 12 495/07. (Außer Patentschrift noch nichts veröffentlicht.)

spule *C* über *a* nach *E* zurückfließt. Die Zeitdauer dieses Stromes ist von dem Wert der Verdrehung abhängig.

Die Spule *C* enthält eine zweite Wicklung, durch die ein konstanter Strom von *E* über *b*, *b*, *C*, *b*, *R* nach *E* zurückgeschickt wird. Die gewünschte Größe dieses Stromes läßt sich durch den Widerstand *R* einstellen.

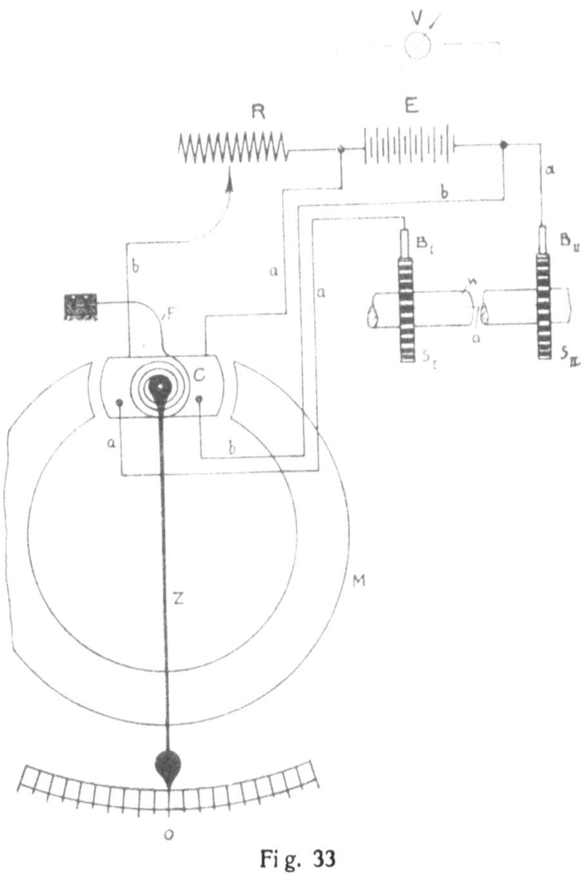

Fig. 33

Die Wicklungen der Stromkreise *a* und *b* sind so geschaltet, daß sie sich entgegenwirken. Ist keine Verdrehung vorhanden, so wird *R* so eingestellt, daß der Zeiger *Z* des Galvanometers auf dem Nullpunkt der Skala steht.

M ist der Magnet des Galvanometers.

Die Einstellung des Zeigers kann auch durch Anspannen der Feder *F* bewirkt werden.

Bei belasteter Welle sucht dann der Mittelwert des über *a* kommenden unterbrochenen Stromes den Zeiger *Z* des Galvanometers zu verstellen. Der resultierende Ausschlag des Galvanometers entspricht dann in seiner Größe dem Mittelwert der Wellenverdrehung.

Man sieht leicht, daß die Vorrichtung der Fig. 33 durch etwaige Spannungsänderungen der Stromquelle *E* nicht beeinflußt wird, da der Ausschlag von *Z* von der Differenz der magnetischen Wirkungen eines konstanten Stromes (über *b*) und der des mittleren Wertes eines unterbrochenen Stromes (über *a*) abhängig ist, die beide von derselben Stromquelle *E* herrühren.

Ein ganz besonders großer Vorteil dieser Methode ist noch der, daß die Nullstellung jederzeit kontrolliert werden kann. Ist nämlich der Zeiger *Z* auf Null bei spannungsloser Welle eingestellt worden, so muß derselbe, sobald die Bürsten B_I B_{II} bei belasteter Welle abgehoben werden, wieder auf Null einspielen. Tut er dieses nicht, so kann die Spannung von *E* sich verändert haben oder die Nullstellung ist aus irgend einem Umstand eine andere geworden. Um über die Spannungsänderung von *E* im klaren zu sein, wird es gut sein, ein Voltmeter *V* vorzusehen, dessen Anzeige bei der Nullstellung des Galvanometers notiert wird[64]). Tritt dann der Fall ein, daß beim Abheben der Bürsten *Z* nicht auf Null steht, trotzdem daß das Volmeter *V* noch dieselbe Spannung von *E* wie bei der Einstellung anzeigt, so kann man sicher sein, daß die Nullstellung eine andere geworden ist. Sind vorher noch Ablesungen gemacht worden, so müssen diese um den Wert, um den der Zeiger von der Nullstellung abweicht, berichtigt werden. Es wird auch gut sein, bei Bestimmung der Nullstellung bei rotierender Welle die Bürsten verschiedentlich abzuheben und dadurch etwaige vorhandene geringe Fehler aufzudecken.

Eine von Barr und Stroud getroffene Vorrichtung zum selbsttätigen Abheben der Bürsten ist in Fig. 34 gezeigt.

W sei die Welle; *S* und *B* stellen eine Kontaktscheibe und eine Bürste dar. Die Bürste *B* ist an einem Hebel *A* befestigt, der um *C* drehbar gelagert ist und von einer Feder *f* von *S* abgezogen wird.

a ist der am Hebel A befestigte Anker des Elektromagneten *EM*. Wird in letzterem der Strom kurz geschlossen, so wird der Anker *a* angezogen und die Bürste *B* gegen *S* gedrückt, bis der durch *EM* fließende Strom wieder unterbrochen wird.

---

[64]) Die Vermerkung der Nullstellung kann auch mittels Stellzeigers erfolgen, ähnlich wie bei den Barometern oder Manometern.

Durch diese Vorrichtung wird unnötiger Verschleiß der Bürsten und Kontaktscheiben vermieden, indem dieselben zu Zeiten, während die Vorrichtung außer Gebrauch ist, einfach abgehoben werden.

Wir schließen hiermit unsere Besprechung der Torsionsindikatoren, indem wir bemerken, daß einer der größten Fehlermöglichkeiten bei ihnen darin liegt, daß bestimmte Teile der Anordnung gemäß ihre Aufstellung im Raume außerhalb der Welle erhalten. Nur bei den Apparaten von Denny-Johnson (S. 48) und Rangdale (S. 60), die auf der Welle selbst ihre Aufstellung finden, ist diese Fehlermöglichkeit ausgeschlossen.

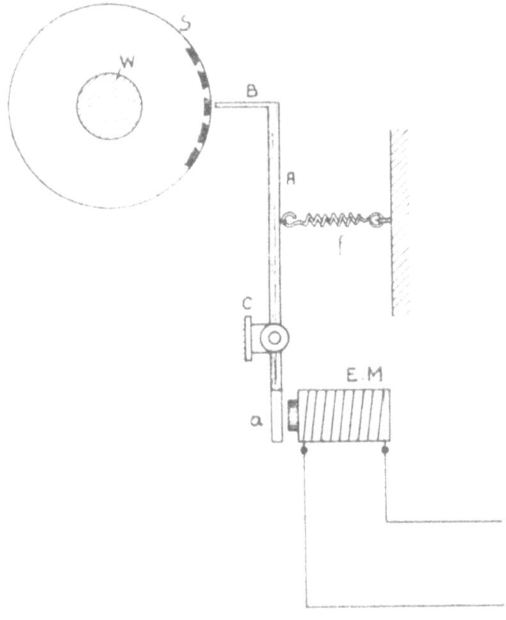

Fig. 34

Wir haben schon früher, besonders bei den optischen Methoden, die hier in Betracht kommenden Gesichtspunkte eingehend erörtert und verweisen daher gern hier auf die betreffenden Stellen.

Als besonderer Vorteil der elektrischen Methoden ist hervorzuheben, daß manche, beispielsweise die zwei zuletzt beschriebenen, die Feststellung der Änderung ihrer Nullstellung selbst bei belasteter Welle zulassen.

Die elektrischen Methoden zur Verdrehungsmessung eignen sich in der Hauptsache zur Fernmessung der Verdrehung und zum Gebrauch bei oder zur Kontrolle anderer Verfahren bei wissenschaftlichen Untersuchungen, sowie zur Anzeige der mittleren Verdrehung resp. bei entsprechender Anordnung der mittleren von einer oder mehreren Wellen übertragenen Leistung.

Nachdem wir uns im Vorhergehenden mit den Verfahren befaßt haben, die dazu dienen, aus meßbaren Materialverschiebungen die Größe der wirkenden Kräfte zu bestimmen, gehen wir jetzt dazu über, uns mit der Möglichkeit zu beschäftigen, die Größe der wirkenden Kräfte aus den von ihnen verursachten Materialveränderungen zu bestimmen, nach Gesichtspunkten, die wir schon früher des näheren klargelegt haben.

MIX

Papier | Fördert gute Waldnutzung

FSC® C083411

Zeitfracht Medien GmbH
Ferdinand-Jühlke-Straße 7
99095 Erfurt, Deutschland
produktsicherheit@kolibri360.de